Roland Jancke

Modellierung der Zuverlässigkeit bei Entwurf und Verifikation von Mixed-Signal-Schaltungen

Modellierung der Zuverlässigkeit bei Entwurf und Verifikation von Mixed-Signal-Schaltungen

Roland Jancke

Universitätsverlag Ilmenau

2019

Impressum

Bibliografische Information der Deutschen Nationalbibliothek

Die Deutsche Nationalbibliothek verzeichnet diese Publikation in der Deutschen Nationalbibliografie; detaillierte bibliografische Angaben sind im Internet über http://dnb.d-nb.de abrufbar.

Diese Arbeit hat der Fakultät für Elektrotechnik und Informationstechnik der Technischen Universität Ilmenau als Dissertation vorgelegen.

Tag der Einreichung:	09. April 2018
1. Gutachter/-in:	Prof. Dr.-Ing. Ralf Sommer (Technische Universität Ilmenau)
2. Gutachter/-in:	Prof. Dr.-Ing. Lars Hedrich (Johann Wolfgang Goethe-Universität Frankfurt/Main)
3. Gutachter/-in:	Dr.-Ing. Markus Olbrich (Leibnitz-Universität Hannover)
Tag der Verteidigung:	06. Dezember 2018

Technische Universität Ilmenau/Universitätsbibliothek

Universitätsverlag Ilmenau

Postfach 10 05 65

98684 Ilmenau

www.tu-ilmenau.de/universitaetsverlag

ISBN 978-3-86360-204-8 (Druckausgabe)

URN urn:nbn:de:gbv:ilm1-2018000642

Titelfoto: photocase.com | AlexFlint

Zusammenfassung

Die zunehmende Verbreitung von Elektronik im Alltag und die weitere Verringerung der Strukturgrößen stellt neue Anforderungen an die Zuverlässigkeit und Verfügbarkeit integrierter Schaltungen. Modellierung zur Unterstützung des Schaltkreis- und Systementwurfs wird seit langer Zeit eingesetzt, bisher hauptsächlich zur Nachbildung des funktionalen Verhaltens einer Schaltung. Die vorliegende Arbeit verfolgt zwei Ziele:

- Zu bekannten Modellierungsverfahren für das funktionale Verhalten wird eine Systematik entwickelt und in einen durchgängigen Modellierungsablauf abgebildet.
- Die Methodik wird um die Modellierung nichtfunktionaler Eigenschaften erweitert, insbesondere werden Verfahren zur Berücksichtigung der Zuverlässigkeit entwickelt.

Für die Zuverlässigkeitsmodellierung werden in erster Linie Degradationseffekte betrachtet, die während des bestimmungsgemäßen Betriebs entstehen und sich auf das elektrische Verhalten integrierter Bauelemente auswirken. Auf weitere zuverlässigkeitsrelevante Fragen durch z.B. thermische und mechanische Effekte wird am Rande eingegangen.

Als eine wesentliche Voraussetzung für die entwickelten Verfahren zur Berücksichtigung der elektrischen Degradation wird lineare Schadensakkumulation angenommen. Dies bedeutet, dass die zeitliche Abfolge des anliegenden Stresses keine Rolle spielt, sondern sich die entstehende Schädigung linear akkumuliert.

Das Ergebnis der Arbeit ist eine systematische Vorgehensweise zur Modellierung des funktionalen Verhaltens von analogen und Mixed-Signal-Schaltungen. Diese wird ergänzt um neue Verfahren zur Berücksichtigung zuverlässigkeitsrelevanter Eigenschaften der Schaltung. Analogien zur Mechanik erlauben es, in diesem Bereich etablierte Vorgehensweisen zur Beschreibung und Analyse der Zuverlässigkeit zu übernehmen und auf die Degradationseffekte integrierter Halbleiterbauelemente anzuwenden. Entsprechende Lebensdauermodelle zu relevanten Degradationsmechanismen sind dargestellt. Ausgehend von der generellen Struktur solcher Modelle werden allgemeine Maße zur Zuverlässigkeitsbewertung von Bauelementen unter

Anwendungsbedingungen abgeleitet. Die Diskussion von Methoden zur Analyse der Zuverlässigkeit ganzer Schaltungen im Entwurf rundet die Darstellung ab.

Die entwickelten Verfahren dienen der Unterstützung eines schnellen und fehlerfreien Entwurfs sicherer und zuverlässiger Schaltungen. Anhand der Optimierung einer Schaltung auf der Grundlage ihres Alterungsverhaltens wird dieser Nutzen verdeutlicht.

Abstract

The widespread use of electronics in everyday life and its ongoing miniaturization poses new demands in terms of reliability and dependability of integrated circuits. Modeling as a means to support circuit and system design has been used for many years, mainly to represent the functional behavior. This thesis aims at the following objectives:

- For known modeling techniques regarding the functional behavior a systematic methodology is developed and structured in an integrated modelling flow.
- The developed methodology is extended by modeling non-functional characteristics particularly with regard to reliability.

In this work reliability modeling covers primarily degradation effects that occur during normal operation and affect the electrical behavior of integrated devices. Further relevant influences on the reliability, e.g. by thermal or mechanical effects, are mentioned.

As an important precondition for the developed methods to consider electrical degradation, linear damage accumulation is assumed. That is, the sequence in time of the applied stress is not important, the damage accumulates linearly over time.

As a result a systematic process to model the functional behavior of analog and mixed signal circuits is presented. It is amended by new methods to include reliability relevant characteristics of the circuit. Established methods from mechanical engineering to describe and analyze reliability are adopted and applied to the degradation effects of integrated semiconductor devices. Respective lifetime models for relevant degradation effects are presented. Starting from a generic model structure general measures are derived to assess reliability of devices exposed to application conditions. In addition methods to analyze reliability of large circuits in the design process are discussed.

The developed methods support a fast and correct design of safe and reliable circuits. As an example the optimization of a circuit with respect to its degradation behavior is demonstrated.

Danksagung

Die vorliegende Arbeit entstand im Laufe meiner langjährigen Tätigkeit am Fraunhofer Institut für Integrierte Schaltungen IIS, Institutsteil Entwurfsautomatisierung EAS, seit 2016 Institutsteil Entwicklung Adaptiver Systeme. Zahlreiche Projekte, in denen ich zunächst als Mitarbeiter und später als Projektleiter mitwirkte und die ich als Gruppenleiter und Abteilungsleiter begleiten durfte, bilden die Grundlage für die Arbeit.

Mein ganz besonderer Dank gilt Dr. Peter Schwarz, der ursprünglich den Anstoß für die Arbeit gab und mich über viele Jahre fachlich und menschlich sehr eng begleitete und immer als Ansprechpartner zur Verfügung stand.

Ebenso bedanke ich mich bei Prof. Dr. Ralf Sommer, mit dem mich eine langjährige fachliche Zusammenarbeit verbindet und der mich als Betreuer dieser Arbeit immer wieder motivierte und wertvolle Hinweise für die Verbesserung gab. Auch den beiden weiteren Gutachtern Prof. Dr. Lars Hedrich und Dr. Markus Olbrich bin ich für ihre Unterstützung dankbar.

Prof. Dr. Günter Elst und Dr. Peter Schneider bin ich insbesondere dankbar für die anhaltende Motivation über viele Jahre, um dieses Projekt erfolgreich zu Ende zu bringen. Ohne ihren Zuspruch wäre die Arbeit nicht abgeschlossen worden.

Für die vielen fruchtbaren inhaltlichen Diskussionen in den letzten Jahren bedanke ich mich besonders bei Dr. Christoph Sohrmann sowie meinen fachlichen Ansprechpartnern im Institut, wie Dr. André Lange, Dr. Kay-Uwe Giering, Dr. Joachim Haase, Dr. Christoph Clauß und vielen weiteren. Außerdem danke ich den ehemaligen Mitarbeitern Ronny Frevert und Leif Müller sowie der ehemaligen Studentin Annegret Plänitz, die zum Gelingen der Arbeit beigetragen haben.

Mein Dank gilt ebenso meinen ehemaligen Kollegen Dr. Peter Trappe, Uwe Knöchel und Dr. Manfred Dietrich für ihre Unterstützung und die Freiräume, die sie mir für zusätzliche inhaltliche Arbeiten schafften.

Aber auch den vielen Projektpartnern gebührt mein Dank für ihre hilfreichen Hinweisen und die unterstützenden Gespräche. Stellvertretend für viele weitere seien hier Roberto Gärtner, Sonja Crocoll, Steffen Bogacz und Christoph Ellmers (alle X-FAB Dresden GmbH), Steve Kupke (NaMLab gGmbH), Andreas Aal (Volkswagen AG), Peter Jores (Robert Bosch GmbH), Helmut Gräb (TU München),

Achim Graupner (jetzt Bosch Sensortech GmbH) und Ronny Naumann (DMOS GmbH) genannt.

Vom Universitätsverlag Ilmenau danke ich insbesondere Frau Carola Lecke-Vollgraf, die mich mit zahlreichen Hinweisen sehr professionell bei der Drucklegung der Arbeit unterstützt hat.

Nicht zuletzt bedanke ich mich sehr herzlich bei meiner Familie. Meine Frau Ulrike hat mir immer wieder die nötigen Freiräume ermöglicht und gemeinsam mit meinen Kindern Sophie, Elisabeth, Claudius und Benjamin die umfangreiche Zeitbelastung gerade in den letzten Jahren geduldig ertragen. Dank ihres weitreichenden Verständnisses konnte ich die Arbeit trotz zunehmender beruflicher Aufgaben abschließen. Meinen Eltern danke ich ganz besonders für ihre jahrelange Förderung und die moralische Unterstützung.

Roland Jancke

Dresden im März 2018

Inhaltsverzeichnis

1 Einleitung

Die Elektronik wird zukünftig immer mehr Lebensbereichen durchdringen. Die Vernetzung von Maschinen, Anlagen, Fahrzeugen untereinander und mit verteilten Sensoren nimmt immer weiter zu. Diese ständige Präsenz von Elektronik im täglichen Leben bringt neue Anforderungen an Zuverlässigkeit und Verfügbarkeit von Halbleiterelektronik mit sich. Für hohe Leistungen in der Verarbeitung von Daten und der Vernetzung von Komponenten bei gleichzeitig niedrigem Energieverbrauch, geringer Baugröße und vertretbarem Preis sind modernste Halbleiter-Technologien erforderlich. Um die Zuverlässigkeit und Robustheit von Schaltungen und Systemen bei Verwendung solch hochskalierter Technologien sicherzustellen, sind vielfältige Anstrengungen notwendig: von der Technologie-Entwicklung über das Design bis hin zu Verifikation und Test. Die vorliegende Arbeit fokussiert sich auf die Unterstützung des Entwurfs zuverlässiger Mixed-Signal-Schaltungen durch eine methodische Vorgehensweise zur Modellierung funktionaler und nichtfunktionaler Eigenschaften.

Mit Modellierung bezeichnet man den Prozess der Abstraktion eines Zusammenhangs aus der realen Welt in eine virtuelle Darstellung. Dabei bleiben die wichtigen Beziehungen erhalten, wogegen Details, die für die aktuelle Untersuchung unwichtig erscheinen, vernachlässigt werden. Dadurch ist es möglich, komplexe Systeme aus der Wirklichkeit vereinfacht darzustellen und das Zusammenwirken mit anderen Systemen sowie der Umgebung zu analysieren. Gleichzeitig ergibt sich die Möglichkeit, den Aufbau noch komplexerer Systeme aus Systemen virtuell zu planen. An dieser Stelle wird Modellierung ein Teil des Entwurfsprozesses.

In der Mikroelektronik ist die Modellierung aufgrund der Komplexität der Komponenten, wie beispielsweise Bauelemente und Halbleiter-Technologie, schon immer Teil des Entwurfsprozesses. Sie dient der Erstellung von simulationsfähigen Beschreibungen von Schaltungen und elektronischen Systemen. Damit wird eine Analyse des Verhaltens möglich und eine Schaltung, eine Komponente oder ein

System lässt sich bereits vor der Fertigung hinsichtlich der gegebenen Spezifikation verifizieren.

Ob die Analyse eines virtuellen Systems tatsächlich relevante Aussagen über die Einhaltung spezifizierter Funktionen und die Verlässlichkeit des realen Systems liefert, hängt selbstverständlich von der Güte der verwendeten Modelle ab. Insbesondere das Verhältnis aus einbezogenen und vernachlässigten Eigenschaften bei der Abstraktion spielt hier eine wesentliche Rolle. Für einen sinnvollen Kompromiss muss - wie erwähnt - der Zweck der Untersuchung in Betracht gezogen werden.

Für zukünftige höchstintegrierte Systeme der Mikroelektronik in eingebetteten Systemen für langlebige und sicherheitskritische Anwendungen kommt der Frage der Zuverlässigkeit eine zunehmend größere Bedeutung zu. Um die Zuverlässigkeit des Systems analysieren, bewerten und optimieren zu können, müssen Einflüsse auf die Zuverlässigkeit in den Modellen enthalten sein. Im Rahmen der vorliegenden Arbeit wird gezeigt, wie die Zuverlässigkeit bei der Entwicklung zukünftiger Elektroniksysteme integraler Bestandteil einer systematischen Modellierungsmethodik werden kann.

Unter der Zuverlässigkeit einer elektronischen Schaltung wird hier ein Maß für die Veränderung ihrer Eigenschaften unter typischen Betriebsbedingungen über der Lebensdauer verstanden. Eine Definition sowie eine Abgrenzung von ähnlichen Begriffen wie Robustheit und Verfügbarkeit wird in Kapitel 4 gegeben.

1.1 Einordnung in das Fachgebiet

Modellierung ist ein wichtiger Teil des Schaltungs- und Systementwurfs, sowohl in der Top-down-Implementierung wie auch in der Bottom-up-Verifikation. Kapitel 2 stellt die Einordnung in den gesamten Entwurfsprozess im Zusammenhang dar.

Für verschiedene Teilaufgaben im Schaltungsentwurf ist die Modellierung ein seit vielen Jahren praktizierter Weg, komplexe Zusammenhänge der Realität einer rechentechnischen Analyse und Optimierung zugänglich zu machen. Seit den ersten Schaltungssimulatoren in den siebziger Jahren des 20. Jahrhunderts werden Modelle von Bauelementen benötigt. Ebenso sind erste Überlegungen eines

Systemarchitekten zur Implementierung eines Algorithmus anhand mathematischer Formeln bereits ein einfaches Systemmodell.

Im Bereich des Entwurfs digitaler Schaltungen ist die Verwendung von Modellen auf der Ebene von Gattern und dem Register-Transfer-Level (RTL) weitgehend etabliert. Dies hängt mit einer begrenzten Anzahl von Baublöcken und einer weitgehenden Automatisierung des Entwurfsprozesses zusammen. Die Entwicklung der Digitalsynthese war nur mit einem konsistenten Satz von Modellen auf verschiedenen Abstraktionsebenen möglich.

Auch der Analogentwurf wird seit dem Aufkommen integrierter Schaltungen durch Modelle von Bauelementen (Widerstände, Kapazitäten, Transistoren, ...) und abstrakten Blöcken (Konstantquellen, gesteuerte Quellen, ...) unterstützt. Auf der anderen Seite kommen viele Entwerfer von Analogschaltungen ohne ein Verhaltensmodell ihrer Schaltung aus, da sie viel Entwurfserfahrung mitbringen und der Vorteil einer Modellerstellung auf ihrer Ebene nicht sichtbar ist.

Somit wird die Modellierung elektronischer Komponenten und Systeme an vielen Stellen bereits eingesetzt, ohne dabei von einer Modellierungsmethodik zu sprechen und ohne die Vorteile einer ebenenübergreifenden Systematik zu nutzen. Die vorliegende Arbeit zielt darauf ab, eine Methodik für die Modellierung von Analog- und Mixed-Signal-Schaltungen zu entwickeln, einzelne existierende Verfahren darin einzubetten und die Vorteile ein durchgängigen Vorgehensweise über verschiedene Abstraktionsebenen hinweg aufzuzeigen.

Modellierung ist sehr eng mit dem Thema Entwurfsautomatisierung verknüpft, wie am Beispiel der Digitalsynthese bereits deutlich wurde. Je mehr Formate und Schnittstellen standardisiert werden sowie sich Generierungsverfahren etablieren, umso mehr wird Modellierung zu einem essentiellen Bestandteil eines automatisierten Entwurfsprozesses.

Klar erkennbare Trends in der Entwicklung integrierter Elektroniksysteme gehen in Richtung einer zunehmenden Komplexität der Systeme mit immer mehr Funktionen pro Schaltkreis sowie hin zu ultrahochskalierten Nanometertechnologien und innovativen Aufbau- und Verbindungstechniken. Die dazu notwendigen Entwurfsprozesse erfordern immer aufwändigere Verifikationsszenarien und damit neue Methoden, eine bessere Systematik und deren konsequente Anwendung von der Idee bis zum fertigen Produkt.

Die Modellierung des funktionalen Verhaltens einer elektronischen Schaltung oder Komponente ist seit vielen Jahren als Teilaufgabe des Entwurfsprozesses bekannt. Zunehmend wächst daneben die Herausforderung, auch nichtfunktionale Eigenschaften zu modellieren, da deren Einfluss auf funktionsbestimmende Charakteristiken zunimmt oder deren Bedeutung im Systemkontext steigt. Darunter werden Eigenschaften wie Parametervariationen, Alterungseffekte und Leistungsverbrauch verstanden.

Die Beschreibung nichtfunktionaler Eigenschaften muss somit ebenfalls in die Modellierung des Gesamtsystems einbezogen werden. Eine Vereinheitlichung beider Sichtweisen der Modellierung ist nötig und möglich. Ein weiteres Anliegen der vorliegenden Arbeit ist es, dafür einen systematischen Zugang aufzuzeigen. Der Fokus liegt dabei auf der Modellierung von Alterungseffekten im Kontext der allgemeinen Modellierungsmethodik für Analog- und Mixed-Signal-Schaltungen.

1.2 Überblick zum Stand der Technik

Die rechnergestützte Modellierung ist seit vielen Jahren Gegenstand der Forschung im Entwurf von Analog- und Mixed-Signal-Schaltungen. Einen guten Gesamtüberblick über den Entwurfsprozess sowie einzelne Methoden und verfügbare Werkzeuge geben Gielen und Rutenbar in [48].

Weitere Impulse für einen formalisierten Entwurfsprozesses von Mixed-Signal-Schaltungen gibt Kundert in [95] und [96]. Der enge Bezug von rechnergestützter Modellierung zur Analogsynthese wird bei einigen Autoren deutlich [31]. Einen ausführlicheren Überblick über Synthese-Werkzeuge gibt Gielen in [50].

Erste Arbeiten zur automatisierten Modellierung von Analogblöcken zeigten bereits Antao und El-Turkey in [3]. Vier Möglichkeiten zur mathematischen Beschreibung von analogen Blöcken werden in [160] angegeben: Ein-/Ausgabe-Modus, Zustandsraum-Darstellung, algebraische und gemischt differential-algebraische Gleichungen (DAE). Ewing zeigt einen methodischen Ansatz zur Beschreibung von Mixed-Signal-Systemen unter Verwendung von Kirchhoff-Gleichungen, Darstellungen im Frequenzbereich (s, z und wp-Ebene) und diskreten Ereignissen (wp-Ebene) [40]. Einen Ansatz zur Modellierung von Analogschaltungen unter Verwendung von Signalgraphen und elementaren Übertragungsgliedern zeigen [100, 101].

Rosenberger schlägt einen systemtheoretischen Modellierungsansatz vor, bei dem Modelle auf Basis von Eingängen, Ausgängen und internen Zuständen beschrieben werden [145]. Casinovi verwendet Makromodelle zur Beschreibung des Verhaltens von Schaltungsblöcken und definiert die Modellierung als Lösung einer Min-Max-Optimierungsaufgabe: wähle die Modellparameter so, dass für eine möglichst große Anzahl von Eingangssignalen die Differenz zwischen Modell und Schaltung möglichst klein wird [20].

Für die Beschreibung von Mixed-Signal-Systemen steht bereits ein theoretischer Apparat zur Verfügung. Vielfach werden in der Systemtheorie solche Systeme als eine Kombination aus DEVS (*Discrete Event System Specifications*) und DESS (*Differential Equation System Specification*) beschrieben [173].

Modelle für spezielle Schaltungsklassen werden häufig in der Literatur gezeigt [69, 94]. In [110] und [164] werden beispielsweise Verhaltensmodelle von $\Delta\Sigma$-Wandlern angegeben. Eine ausführliche Zusammenstellung von Modellen für PLLs findet sich in [12]. Speziell für die Modellierung von HF-Frontends und der damit zusammenhängenden Beschreibung von Nichtlinearitäten im Frequenzbereich gibt es zahlreiche Arbeiten [44, 102, 166].

Theoretische Überlegungen zur Systematisierung des Modellierungsvorgehens gibt es bereits seit langer Zeit [130]. Einen entscheidenden Fortschritt bei der praktischen Umsetzung von Modellierungsmethoden brachte die Einführung von Verhaltensbeschreibungssprachen (*HDL - Hardware Description Language*) [14, 69, 123, 131]. Dabei trugen zwei wesentliche Neuerungen zum Produktivitätsgewinn bei:

- HDLs erlauben die Beschreibung auf verschiedenen Abstraktionsebenen (*multi-level modeling* [125]).
- HDLs vereinfachen zudem die gleichzeitige Beschreibung von analogen und digitalen Schaltungsteilen (*mixed-signal modeling*). Digitale HDLs wurden bereits in den 1980er Jahren standardisiert. Eine Erweiterung auf analoge Beschreibungen kam erst in den 1990er Jahren auf. Mit der Etablierung von Mixed-Signal-Simulatoren [132] wurden schrittweise auch Mixed-Signal-Beschreibungssprachen in diese Werkzeuge integriert [107].

Mit den Verhaltensbeschreibungssprachen stand somit ein wichtiges Hilfsmittel zur umfassenden und flexiblen Darstellung von Schaltungsfunktionen bereit. Dies gestattete prinzipiell die Analyse komplexer Systemzusammenhänge unter Einbeziehung des Verhaltens elementarer Schaltungsblöcke. Notwendig war nun ein systematisches, automatisierbares Vorgehen für den Übergang von der Transistorschaltung zur Beschreibung ihres Verhaltens. Hier sind verschiedene grundsätzliche Herangehensweisen denkbar und in der Literatur untersucht worden.

Gielen teilt die notwendigen Verfahren zur analogen Verhaltensmodellierung in *fitting approaches* und *constructive approaches* ein [49].

Die konstruktiven Ansätze werden auch unter dem Stichwort der symbolischen Modellierung zusammengefasst. Wichtige Beiträge auf diesen Gebiet kamen von Gielen, Wambacq und Sansen [47] mit dem ersten symbolischen Tool ISAAC [51]. Auch die Modellierungsansätze mit Signalgraphen lassen sich den konstruktiven Ansätzen zuordnen [42, 100]. Automatisierte Modellierungs- und Approximationsverfahren mit symbolischen Techniken insbesondere an nichtlinearen Systemen wurden von den Arbeitsgruppen in Hannover [18, 126] und Kaiserslautern [167] durchgeführt. In letzterer entstand das symbolische Modellierungstool Analog Insydes [63], mit dem die Erstellung symbolischer Modelle möglich ist [82].

Die numerischen Fit-Verfahren verwenden das Ein-/Ausgangsverhalten einer Schaltung als Beschreibungsgrundlage [113]. Auch auf diesem Gebiet wird seit vielen Jahren intensiv geforscht. Ausgehend von der Untersuchung rationaler Funktionen [3] wurde weitere komplexere funktionale Ansätze hinzugezogen. Dazu gehören posynomiale Funktionen [29] und *Support Vector Machines* [93]. Auch Template-freie Verfahren wurden entwickelt [114]. Für die Beschreibung von stark nichtlinearem Verhalten wurden aufwändigere Modellierungsansätze wie Beschreibungsfunktionen [46] oder Volterra-Reihen [9, 102] untersucht. Der Forschungsbereich Systemidentifikation liefert ebenfalls wichtige Beiträge zur Beschreibung von nichtlinearem Übertragungsverhalten [165].

Die notwendigen Optimierungsverfahren zur Parameterbestimmung, wie geometrische Programmierung [31] und Data-Mining-Techniken [103], finden sich bei verschiedenen Autoren auch im Zusammenhang mit der Aufgabe der Schaltungsdimensionierung. Generell ist die Verhaltensmodellierung häufig als Teil von Syntheseansätzen zu finden [36, 64].

Weder bei den konstruktiven noch bei den Fit-Ansätzen hat sich ein Verfahren herauskristallisiert, welches alleine die Aufgabe der Verhaltensmodellierung für analoge und Mixed-Signal-Schaltungen lösen kann. Die Gründe dafür sind vielfältig:

- schlechte Wiederverwendbarkeit der numerischen Modelle
- unzureichende Performance der symbolisch erstellten Modelle
- weiterhin nicht unerheblicher Aufwand zur Modellerstellung

Bisher hat sich deshalb keines der genannten Verfahren als allgemein akzeptierte Vorgehensweise durchgesetzt.

Einen guten Kompromiss aus Parametrisierbarkeit von Modellen und Automatisierbarkeit zu deren Erstellung stellen die parametrisierbaren Verhaltensmodelle dar. Beispiele solcher Modelle für typische Klassen von analogen Grundschaltungen finden sich in [38, 44, 80, 91]. In [25, 79, 80, 152] wird ein methodischer Ansatz dafür dargestellt. Für eine ausführliche Darstellung sei auf Kapitel 3 verwiesen. Eine Modellierungsmethodik insbesondere für Systeme der Mikrosystemtechnik wird auch in [151] vorgestellt.

Die Modellierung des Nominalverhaltens eines analogen Schaltungsblockes war damit über viele Jahre intensiv methodisch untersucht worden. Seit Mitte der 2000er Jahre wird verstärkt daran geforscht, auch nicht-funktionale Effekte des Schaltungsverhaltens in die Modelle einzubeziehen.

Auf statistische Parametervariationen im Zusammenhang mit Verhaltensmodellen und der Schaltungssynthese wird beispielsweise in [147, 148] eingegangen, nachdem die statistische Modellierung bis dahin im wesentlichen eine Aufgabe der Entwurfsverbesserung war [4]. Ebenso finden sich Ansätze zur statistischen Verhaltensmodellierung in [24, 97]. Die Abstraktion des statistischen Verhaltens auf Gatter- und Schaltungsmodelle ist eine konsequente Fortführung dieser Ansätze [99, 106].

Die Modellierung von Alterungseffekten wird aus technologischer Sicht seit langer Zeit in der Literatur behandelt. Dazu gehören Effekte an Bauelementen, Verbindungsstrukturen, aber auch an Bondwires, Pins und Gehäusen.

Typischerweise arbeiten Technologen auf diesem Gebiet an der Beschreibung des beobachteten Verhaltens. Unter einer Reihe von Annahmen werden aus Charakterisierungsdaten Modelle abgeleitet. Diese dienen dem Monitoring der Fertigungsprozesse oder der Qualifizierung einer Technologie für einen Anwendungszweck [127]. Die Erstellung simulationsfähiger Modelle zur Analyse von Schaltungen ist dabei nicht das Ziel.

Die ersten Arbeiten zur Modellierung des Alterungsverhaltens von integrierten Bauelementen reichen mehr als 30 Jahre zurück, als erstmals der HCI-Effekt (*Hot Carrier Injection*) mit seinen Auswirkungen auf MOS-Transistoren beschrieben wurde [72, 138, 161]. Seither sind viele weitere Untersuchungen zur Erklärung der technologischen Ursachen, zur Verbesserung des Beschreibungsmodells und zur Einbeziehung weiterer Einflussfaktoren durchgeführt worden [27, 137]. Aufgrund der besonderen Charakteristiken des HCI-Effekts wurde insbesondere der Zusammenhang zwischen AC- und DC-Stress ausführlich betrachtet [22, 117, 118].

Seit der Jahrtausendwende liegt der Schwerpunkt der Forschungen insbesondere auf dem BTI-Effekt (*Bias Temperature Instability* [5, 70]). Aufgrund neuer Materialien und fortschrittlicher technologischer Entwicklungen rückten die Auswirkungen dieses Effekts ins Zentrum des Interesses [92]. Eine Reihe von Arbeiten befassen sich mit der besseren Beschreibung der chemisch-physikalischen Ursachen für diesen Degradationsmechanismus [57]. Parallel untersuchen weitere Autoren die Auswirkungen von BTI auf das Verhalten von digitalen Schaltungen [105] sowie in jüngster Zeit auch auf Analogschaltungen [52].

Aufgrund von immer weiter verkleinerten Bauelemente-Strukturen spielen zusätzlich zur Untersuchung des mittleren Degradationsverhaltens zunehmend auch dessen statistische Variationen eine Rolle bei der Alterungsmodellierung [21, 109]. Eine besondere Herausforderung besteht darin, die Ansätze für die Simulation von Alterungs- und statistischem Verhalten zusammenzubringen [13].

Die Modellierung von Degradationseffekten für den Einsatz in der Schaltungssimulation rückt in den letzten Jahren verstärkt ins Zentrum des Interesses [10, 27]. Begonnen hat diese Entwicklung mit dem ersten praktisch einsetzbaren Simulator zur Analyse von Degradationseffekten BERT (*Berkeley Reliability Tool*) [71]. Mittlerweile bieten alle großen kommerziellen EDA-Hersteller entsprechende Simulationsmöglichkeiten an [32, 33, 90]. Daneben werden auch immer wieder neue unabhängige Simulationsansätze erforscht [102, 124].

Generell zeigt sich in der Literatur die zunehmende Bedeutung der Modellierung von zuverlässigkeitsbestimmenden Faktoren im Zusammenhang mit dem Entwurf und der Optimierung von integrierten Schaltungen [83, 136, 155]. Somit spielt neben der Simulation zur Analyse des Verhaltens zunehmend auch die Entwurfsunterstützung eine große Rolle [162]. Ziel muss ein sicherer Entwurf sein, der bereits im Vorfeld Probleme mit der Zuverlässigkeit im Endprodukt vermeidet. Diese Aspekte gewinnen umso mehr an Bedeutung, wie extrem hochskalierte Technologien Einzug in sicherheitskritische Anwendungen wie zum Beispiel die Fahrzeugelektronik finden [156]. Aus diesem Bereich kommen zusätzliche Anforderungen zur Absicherung von Zuverlässigkeit und Robustheit bereits im Entwurf sowie zur Standardisierung des Qualifizierungsprozesses.

1.3 Gliederung der Arbeit

Die vorliegende Arbeit verfolgt den Ansatz, Verfahren zur Beschreibung von zuverlässigkeitsrelevanten Effekten in eine allgemeine Methodik zur Modellierung von analogen und Mixed-Signal-Schaltungen einzubetten. Neue Ansätze zur Zuverlässigkeitsmodellierung werden am Beispiel der Alterungsmodellierung gezeigt.

Kapitel 2 gibt zunächst einen Überblick zu den Ebenen des Entwurfs elektronischer Systeme und den Beschreibungsmitteln, denen sich die Modellierung auf den einzelnen Ebenen bedient. Gleichzeitig wird bereits bei der Erstellung von Modellen zwischen funktionalen und nichtfunktionalen Eigenschaften unterschieden. Außerdem wird die Modellierung in den als V-Zyklus bekannten Entwurfsablauf eingeordnet.

Für die Modellierung des funktionalen Verhaltens von analogen und Mixed-Signal-Schaltungen wird in Kapitel 3 eine allgemeine Methodik eingeführt. Sie enthält die Schritte für ein systematisches Vorgehen und integriert bekannte und etablierte Modellierungsverfahren. So werden die bereits erwähnten konstruktiven und Näherungsansätze als White- und Black-Box-Verfahren eingeführt. Parametrisierbare Verhaltensmodelle lassen sich als Grey-Box-Verfahren ebenso in diese Systematik integrieren.

Kapitel 4 widmet sich der Modellierung nichtfunktionaler Eigenschaften am Beispiel der Alterungsmodellierung. Bekannte Degradationsmechanismen für Bauelemente und Verbindungsleitungen werden dargestellt und allgemein akzeptierte

Modelle zur Beschreibung der Auswirkungen zusammengetragen. Der Schwerpunkt dieses Kapitels liegt auf der Ableitung von Lebensdauermodellen und deren Anwendung in Form von SOAs (*Safe Operating Areas*). Sie stellen ein sehr wirksames Beschreibungsmittel zur Beurteilung und Optimierung der Schaltungszuverlässigkeit dar. Es wird auf den Zusammenhang zu anderen etablierten Darstellungen wie Wöhlerkurven und Mission Profiles eingegangen. Anhand eines einfachen Schaltungsbeispiels lässt sich die Anwendung des vorgestellten Vorgehens zur Zuverlässigkeitsanalyse aufzeigen. Das Kapitel schließt mit einem Ausblick auf weitere Themengebiete zur Beurteilung der Gesamtsystemzuverlässigkeit ab.

Schließlich fasst Kapitel 5 die erarbeiteten Ergebnisse zur Degradationsmodellierung zusammen. Gleichzeitig werden die Erkenntnisse in den zu Beginn der Arbeit aufgestellten größeren Zusammenhang einer Technologie-orientierten Entwurfsmethodik eingeordnet.

2 Überblick und Motivation für die Modellierung

Unter Modellierung verstehen wir den Prozess der Ableitung eines Abbildes des realen Verhaltens einer Betrachtungseinheit auf eine mathematisch fassbare Beschreibung [151]. Dieser Schritt ist im Allgemeinen mit einer Abstraktion durch Vereinfachung verbunden. Der Fokus liegt auf den wichtigen Zusammenhängen, für die aktuelle Frage unwichtige Eigenschaften werden vernachlässigt.

Als Beispiel für den Schritt der Modellierung sei der Übergang von einem Kondensator zur Kapazität in der Schaltungsbeschreibung angeführt. Beim Kondensator handelt es sich um ein physisch vorhandenes Bauteil, beispielsweise als diskret aufgebauter Folienkondensator mit Anschlusspins und verschiedenen Materialien zur Ladungsspeicherung sowie zur Isolation. In der Beschreibung einer Schaltung für die Netzwerkanalyse reduziert sich dieses Bauelement in erster Näherung auf die mathematische Beziehung

$$i_c = C \cdot \frac{du_c}{dt} \tag{2.1}$$

Darin sind der Strom durch den Kondensator und die Spannung über dem Kondensator über den Parameter Kapazität C miteinander verknüpft. Widerstände für Zuleitungen und nichtideale Isolation sowie weitere Effekte höherer Ordnung wie Temperaturabhängigkeiten wurden in dieser Darstellung vernachlässigt. Somit hat eine Abstraktion auf den wesentlichen mathematischen Zusammenhang stattgefunden. Bei Bedarf können dieser Modellbeschreibung weitere Details hinzugefügt werden.

Modellierung ist ein wichtiger Arbeitsschritt für die Beschreibung und Analyse elektronischer Schaltungen und findet auf ganz unterschiedlichen Betrachtungsebenen statt.

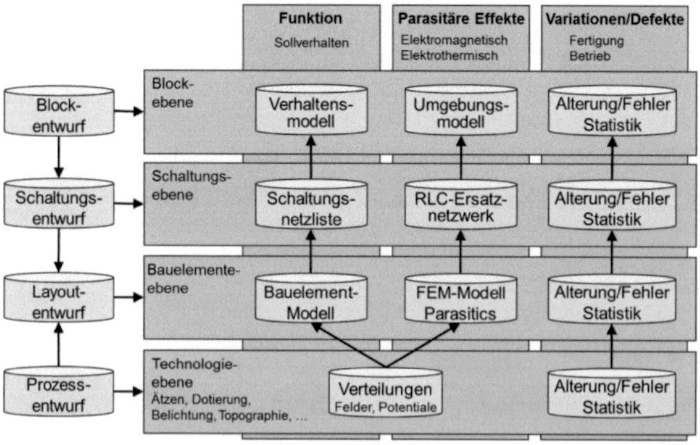

Abbildung 2.1: Einordnung von Modellierungsebenen und Beschreibungsmitteln

Bild 2.1 zeigt verschiedene Abstraktionsebenen zur Beschreibung elektronischer Schaltungen zusammen mit eingesetzten Modellen auf diesen Ebenen. Eine mögliche Einteilung der Betrachtungsebene unterscheidet zwischen Technologie-, Bauelemente-, Schaltungs- und Blockebene. Abstraktere Ebene wie Komponenten- oder Systemebene liegen zunächst nicht im Fokus, können aber mit entsprechenden Methoden wie auf Blockebene betrachtet werden.

Im linken Teil des Bildes ist zunächst der Entwurfsprozess dargestellt, der hierarchisch über die Abstraktionsebenen durchgeführt wird. Der Entwurfsprozess läuft im Allgemeinen Top-Down, also für den hier betrachteten Entwurf von Mixed-Signal-Schaltungen vom komplexen Schaltungsblock über die Einzelschaltung zum Layout. Die Fertigungstechnologie wird parallel entwickelt und geht Bottom-up in den Entwurf des Gesamtsystems ein.

Der Modellierungsprozess arbeitet im Allgemeinen Bottom-up, da mit der Modellierung ein Abstraktionsvorgang verbunden ist. Von einer detaillierteren Beschreibung sind für eine betrachtete Einheit die wichtigen Zusammenhänge herauszufiltern, die für den Gesamtzusammenhang auf höherer Ebene von Bedeutung sind.

Modellierung funktionaler Eigenschaften

Bei der Modellierung des Verhaltens werden hier drei Säulen unterschieden. Zunächst liegt der Schwerpunkt auf der Modellierung des funktionalen Verhaltens, also der Sollfunktion, für die die betrachtete Einheit entwickelt wurde.

Diese beginnt als mathematische Beschreibung von physikalischen Eigenschaften, wie Ladungsträgerverteilung, Leitfähigkeit, Stromdichte, Temperaturverlauf auf der technologischen Ebene. Dort entstehen durch technologische Maßnahmen Effekte wie Raumladungszonen, pn-Übergänge und Oxidschichten. Auf dieser Ebene werden üblicherweise partielle Differentialgleichungen zur Beschreibung der Verteilungen von Feldgrößen und Potentialen eingesetzt.

Zur Reduzierung der Komplexität werden aus diesen sehr detaillierten Beschreibungen auf der Bauelemente-Ebene Kompaktmodelle abgeleitet, die sich für eine Simulation des Verhaltens ganzer Schaltungen eignen. Als wichtigen Abstraktionsschritt geht man dabei von der Annahme konzentrierter Elemente aus. Das in der Realität über den gesamten IC verteilte physikalische Verhalten wird dazu idealisiert auf wenige Bauelemente an einzelnen Orten konzentriert. Die Verbindungen zwischen den Elementen werden ebenfalls vereinfacht als verlustlos angenommen.

Bei der Abbildung des Verhaltens von integrierten Transistoren in Kompaktmodelle sind sowohl mathematisch orientierte Ansätze mit einer Vielzahl an Fitparametern (BSIM [154]) als auch physikalisch basierte Ansätze mit wenigen Parametern (EKV, PSP [53]) bekannt. Die Verbreitung richtet sich eher nach der Verfügbarkeit in den kommerziell wichtigen Simulatoren und Design-Systemen.

Auf der nächsthöheren Ebene werden Netzlisten als topologische Zusammenschaltung dieser Bauelemente-Modelle eingesetzt. Damit lassen sich ganze Schaltungen effizient beschreiben und einem Simulator als Input vorgeben.

Ab einer bestimmten Schaltungskomplexität wird die Verwendung von Netzlisten und den darin eingebetteten gleichungsbasierten Bauelemente-Modellen zu unhandlich und zu rechenintensiv. Bei mehreren 10000 Transistoren zu je über 100 Beschreibungsgleichungen sind bereits sehr effiziente Lösungsalgorithmen in den Simulatoren erforderlich. Durch Parallelisierung der Algorithmen, deren Abarbeitung auf Rechenclustern und Einsatz von tabellenbasierten Bauelemente-Modellen [141] kann die Grenze der Simulierbarkeit herausgeschoben jedoch nicht aufgehoben werden.

Deshalb sind zur Beschreibung größerer Blöcke, Teilsysteme oder sogar ganzer Systeme (System-on-Chip - SoC) weitere Abstraktionsschritte notwendig. Als Beschreibungsmittel werden auf der Blockebene sogenannte Verhaltensmodelle eingesetzt. Darin sind die wichtigen funktionsbestimmenden Zusammenhänge enthalten, während die für die aktuelle Fragestellung unwichtigen Details vernachlässigt werden. Moderne Simulatoren bieten dafür Schnittstellen zur Integration von Verhaltensbeschreibungen an.

Modellierung nichtfunktionaler Eigenschaften

Neben der Modellierung des funktionalen Verhaltens spielen sogenannte nichtfunktionale Eigenschaften, auch Effekte höherer Ordnung genannt, eine wichtige Rolle. Insbesondere in modernen Fertigungstechnologien wird ein zunehmender Einfluss solcher Effekte auf die eigentliche Funktion beobachtet.

Dazu gehören zum einen parasitäre Effekte, wie das thermische Chipverhalten oder elektromagnetische Verkopplungen auf dem Chip. Diese sind üblicherweise funktional nicht gewollt, müssen aber bei der Analyse der Schaltung oder des Systems berücksichtigt werden, wenn sie einen nicht zu vernachlässigenden Einfluss auf das Sollverhalten haben.

Zum anderen spielt der Einfluss parametrischer Schwankungen auf das Schaltungsverhalten eine zunehmende Rolle. Diese lassen sich wiederum in zwei Bereiche unterteilen. Eine Ursache für Änderungen von Parametern sind fertigungsbedingte Schwankungen, die sich in statistischen Parametervariationen niederschlagen. Darüber hinaus kann eine systematische Parameterdrift über der Lebensdauer auftreten. Die Ursache dafür liegt in Degradationseffekten der eingesetzten Materialien infolge des normalen Betriebs. Insbesondere die letztgenannten Parameterschwankungen haben einen starken Einfluss auf die Zuverlässigkeit einer elektronischen Schaltung. Kapitel 4 wird sich im Detail mit der Modellierung dieser Effekte und ihrer Auswirkungen befassen.

Zur Modellierung der nichtfunktionalen Eigenschaften sind auf den verschiedenen Abstraktionsebenen prinzipiell die gleichen Beschreibungsmittel wie für die funktionalen Eigenschaften einsetzbar. Auf den niedrigen Ebenen werden detaillierte Beschreibungen der zugrundeliegenden physikalischen Effekte verwendet. Auf der Bauelemente-Ebene werden daraus beispielsweise FEM-Modelle (Finite Element Method) zur Beschreibung parasitärer Verkopplungen abgeleitet. Auf der Ebene von Schaltungen wiederum lassen sich entsprechend Modelle in Form von RLC-Netzwerken ableiten. Diese können mit den Schaltungsnetzlisten für das funktionale Verhalten gemeinsam simuliert werden, um ihren Einfluss zu analysieren. Im Ergebnis numerischer Ordnungsreduktionsverfahren (Model Order Reduktion -

MOR [41]) können aber auch direkt Verhaltensmodelle für die parasitären Effekte entstehen, die dann den Modellen auf Block-Ebene entsprechen.

Grundsätzlich sind also vergleichbare Beschreibungsmöglichkeiten auf den verschiedenen Abstraktionsebenen vorhanden. Allerdings sind Verfahren und Werkzeuge für die Entwurfsunterstützung unter Berücksichtigung nichtfunktionaler Eigenschaften nur auf den unteren Ebenen bisher vorhanden. Dazu gehören Parasitic-Extraktionstools, wie Assura (Cadence) und Calibre (Mentor).

Die Anwendung von Modellierungs- und Extraktionsverfahren auf komplexe Schaltungen und Systeme zur Abstraktion von Modellen ist jedoch erforderlich, um den Einfluss von parasitären Effekten und Parametervariationen auf das Verhalten des Gesamtsystems abschätzen zu können. Eine Monte-Carlo-Simulation zur Untersuchung des Einflusses von Prozessvariationen auf die Systemkenngrößen ist für einen komplexen SoC nicht machbar, wenn eine einzelne Simulation zur Verifikation des Nominalverhaltens bereits Stunden oder Tage dauert. Ebenso kann heute aus der Kenntnis des Degradationsverhaltens eines Einzeltransistors nicht auf die Eigenschaften eines Systems nach 10 oder 20 Jahren Betrieb geschlossen werden. Dies sind aber wichtige Fragen, die vom Entwerfer komplexer mikroelektronischer und mechatronischer Produkte beantwortet werden müssen. Deshalb ist die Modellierungsmethodik in diese Richtung auszubauen.

Für eine Erweiterung der Modellierungsmethodik um nichtfunktionale Eigenschaften ist die Einordnung in das dargestellte hierarchische Schema von Bedeutung. Für eine gemeinsame Simulation mit den Modellen für das funktionale Verhalten muss das Denken in Beschreibungsebenen und die Abstraktion zwischen ihnen entsprechend übernommen werden.

Neue Verfahren für die Modellierung von Parametervariationen auf Block- und System-Ebene sind erforderlich. Diese müssen - analog zu den entsprechenden Methoden für das funktionale Verhalten - Parameteränderungen auf der jeweiligen Ebene beschreiben können.

Mindestens ebenso wichtig sind angepasste Abstraktionsmethoden für die Übergänge zwischen den Beschreibungsebenen. Damit sind die Auswirkungen von Parameterschwankungen einer Ebene auf die nächsthöhere Ebene zu modellieren. Diese Aufgabe ist nicht trivial. Beispielsweise ist es derzeit eine große Herausforderung, statistische Blockparameter aus nichtnormal-verteilten, korrelierten

Zufallsgrößen auf Bauelemente-Ebene abzuleiten [99]. Ansätze für die Modellierung der Parameterdrift über der Lebensdauer werden im Verlauf der Arbeit präsentiert.

Modellierung als Teil des Entwurfsablaufs

Ein verbreitete Darstellung des Ablaufs von Entwurf und Verifikation komplexer Systeme ist das sogenannte V-Diagramm. Es ist als Vorgehensmodell in der Softwareentwicklung entstanden, zunächst für IT-Projekte der öffentlichen Hand entwickelt aber mittlerweile auch auf verschiedenen Ebenen industrieller Entwicklungsprozesse etabliert. So ist es unter anderem auch die Grundlage für die Standardisierung der Prozesse zur funktionalen Sicherheit [76].

Bild 2.2 zeigt schematisch den Ablauf des Systementwurfs. Vertikal sind die Abstraktionsebenen aufgetragen, während horizontal die Entwurfszeit abläuft. Der V-förmige Prozess ergibt sich aus „Top-down"-orientiertem Entwurf und „Bottom-up"-orientierter Verifikation.

Im linken Teil der Grafik ist zunächst die schrittweise Verfeinerung des Systems von großen, komplexen Einheiten zu kleineren, detaillierten Teilsystemen, Komponenten, Blöcken dargestellt. Ausgangspunkt dieses Entwurfsprozesses ist eine Spezifikation des Gesamtsystems, Ziel ist ein Vorschlag für die Realisierung des Systems in Silizium. Auf den einzelnen Abstraktionsebenen wird zu der jeweiligen Spezifikation eine Dekomposition in Teilsysteme erarbeitet. Mittels Konzeptstudien / Machbarkeitsüberlegungen wird untersucht, ob und mit welcher Implementierung sich die gegebene Spezifikation erfüllen lässt. Daraus ergeben sich dann die Spezifikationen für die Teilsysteme und der Entwurf kann eine Abstraktionsebene niedriger fortgeführt werden. Sobald eine erste Schaltungsimplementierung mit integrierten Bauelementen (Transistoren, R, C) für einen spezifizierten Block vorliegt, spricht man von einer Realisierung des Systems.

Daraufhin beginnt die im rechten Teil der Grafik 2.2 dargestellte Verifikation. Dieser Prozess umfasst die Überprüfung der Schaltungsrealisierung auf Einhaltung der gegebenen Spezifikation. Durch die Realisierung kommen neben den funktionalen Bauelementen auch nichtfunktionale Eigenschaften, wie parasitäre und parametrische Abweichungen hinein. Daher ist der Verifikationsschritt von großer Bedeutung, um die Einhaltung der Spezifikation unter allen geforderten Randbedingungen nachzuweisen. Zudem besteht der Entwurfsprozess gerade im

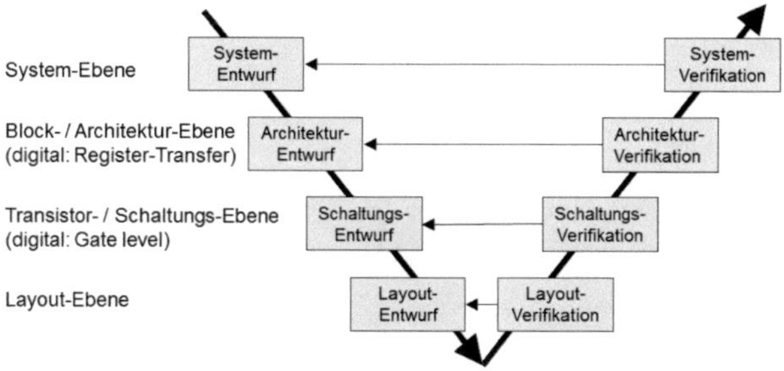

Abbildung 2.2: V-Diagramm zur Darstellung des Entwurfsablaufs

Bereich von Analog/Mixed-Signal-Schaltungen vielfach noch aus Handarbeit und ist daher fehleranfällig.

Wird im Zuge der Verifikation die Verletzung einer Spezifikationsgröße durch die gewählte Realisierung gefunden, muss der Entwurf verbessert oder mit einer anderen Architektur neu durchgeführt werden. Deshalb gibt es von jeder Verifikationsstufe einen Weg zurück zum Entwurfspfad. Es ist offensichtlich, dass die Auswirkungen eines gefundenen Fehlers umso gravierender sind, je später sie in der Verifikation entdeckt werden, da der zeitliche Mehraufwand eines Re-Designs deutlich zunimmt.

Die Modellierung lässt sich gewinnbringend auf beiden Ästen, im Entwurf und in der Verifikation, einsetzen.

Der Top-down-Entwurf verwendet Modellbeschreibungen beispielsweise für

- ausführbare Spezifikationen (darunter werden abstrakte Beschreibungen eines Systems verstanden, die unabhängig von einer späteren Realisierung das laut Spezifikation geforderte Sollverhalten abbilden) zur Diskussion von Vollständigkeit und Korrektheit und
- Untersuchung von Architekturvarianten bei der Exploration des Entwurfsraums, also möglicher Realisierungsvarianten und Parametrisierungen.

Demgegenüber benötigt die Verifikation Modelle

- zur Beschleunigung der Simulation von komplexen Systemen,

- zur Abstraktion von bereits vorhandenen Teilrealisierungen für einen „meet-in-the-middle"-Ansatz,
- zur Anreicherung der Top-down-Modelle um Details aus der physikalischen Realisierung,
- für die Gesamtsystem-Verifikation unter Einbeziehung von Umgebungsbedingungen, wie Temperaturen und Lasten.

Die Vorteile einer Modellierung auf den verschiedenen Ebenen lassen sich optimal nutzen, wenn sie begleitend zum gesamten Entwurfs- und Verifikationsablauf eingesetzt wird. Dann können die erweiterten Modellteile, die durch Abstraktion einer Schaltungsrealisierung gewonnen werden und nichtfunktionale Eigenschaften repräsentieren, den Top-down-Modellen des Entwurfspfades hinzugefügt werden. Der beim Entwurf spendierte zusätzliche Aufwand für die Modellierung rentiert sich, indem sich diese Modelle bei der Verifikation wiederverwenden lassen. Um dies zu ermöglichen, ist eine konsistente Modellerstellung auf den einzelnen Abstraktionsebenen und beim Übergang zwischen den verschiedenen Ebenen zu beachten. Dem dient die in Kapitel 3 vorgestellte Modellierungsmethodik.

Nutzung von Zuverläsigkeitsmodellen im Entwurf

Modelle von technologisch bedingten Nichtidealitäten dienen der Verifikation, aber auch direkt dem Entwurf: durch genaue Beschreibung parasitärer physikalischer Effekte aus der Charakterisierung einer Technologie anhand von Teststrukturen lassen sich Randbedingungen für den Entwurf ableiten. Mit diesen sogenannten Design Constraints kann der Einfluss der Effekte von vornherein während der Entwurfsoptimierung quantifiziert und somit in Grenzen gehalten werden. Teure Re-Design-Zyklen aufgrund von Fehlern, die spät in der Verifikation entdeckt werden, lassen sich vermeiden.

Das grundlegende Prinzip hinter dieser Aussage sei im Folgenden kurz skizziert. Aus der Technologie-Charakterisierung sei der Zusammenhang zwischen einer Stressgröße S, der Dauer ihrer Wirkung t und der daraus resultierenden Veränderung einer Eigenschaftsgröße, die als Degradation ΔD bezeichnet wird, bekannt.

$$\Delta D = f(S, t) \tag{2.2}$$

Legt man nun einen Grenzwert für die maximal zulässige Degradation als End-of-Life-Bedingung ΔD_{EOL} fest, so verbleibt ein Zusammenhang zwischen Menge und Dauer der maximal erlaubten Stresseinwirkung auf ein Bauelement.

$$S(t_{\mathrm{EOL}}) = [S|\Delta D_{\mathrm{EOL}} = f(S,t)] \tag{2.3}$$

Wenn also die Stressmenge am Bauelement in einer bestimmten Anwendung gegeben ist, lässt sich die Lebensdauer abschätzen. Wenn die Lebensdauer gegeben ist, ergibt sich eine Randbedingung für den maximal erlaubten Stress.

Allgemein wird ein Schnitt durch das mehrdimensionale Degradationsmodell nach Gleichung 2.2 gelegt, der einen wichtigen Zusammenhang für die Bewertung der Zuverlässigkeit ergibt: aus einer gegebenen Betriebsdauer-Spezifikation t_{EOL} folgt unmittelbar ein Grenzwert für das maximal zulässige Stress-Niveau $S_{\mathrm{EOL}} = S(t_{\mathrm{EOL}})$. Diese Information lässt sich bei der Dimensionierung und Optimierung einer Schaltung unter Zuverlässigkeitsaspekten verwenden.

Allerdings handelt es sich bei diesem maximal zulässigen Stress zunächst nur um die Abschätzung einer Grenze unter der Annahme von zeitinvariantem Stress. In der realen Anwendung wird ein zeitabhängiger Stress auftreten, der lange Zeit auf niedrigerem Niveau aber auch für kurze Zeit auf höherem Niveau liegen kann. Insofern ist eine detaillierte Betrachtung notwendig, unter welchen Voraussetzungen die Degradationsmodelle angewendet werden können, welche Lasten unter Einsatzbedingungen tatsächlich auftreten und wie statistische Verteilungen der Ausfallwahrscheinlichkeit diese Modelle beeinflussen. Diese Aspekte werden in Kapitel 4 diskutiert.

Nach diesem Überblick und der Motivation für die Modellierung des funktionalen Verhaltens und nichtfunktionaler Eigenschaften wird im Folgenden eine allgemeine Modellierungsmethodik, also ein systematisches, ebenenübergreifendes Vorgehen sowie einzelne Modellierungsverfahren daraus vorgestellt.

3 Modellierung des funktionalen Verhaltens von Analog- und Mixed-Signal-Schaltungen

3.1 Überblick

Ein allgemeingültiger Modellierungsablauf ist notwendig, um auf systematischem Wege zu Modellen zu gelangen, mit denen ebenenübergreifend der Schaltungsentwurf effektiv unterstützt werden kann. Auf den einzelnen Abstraktionsebenen finden immer wieder ähnliche Modellierungsschritte statt, die in einem allgemeinen Modellierungsablauf zusammengefasst werden können [79]. Der entwickelte Ablauf wird in Bild 3.1 vorgestellt.

Am Beginn des Modellierungsprozesses steht eine **Modelldefinition**. Hier wird zunächst die Schnittstelle des Modells nach außen und der Gültigkeitsbereich festgelegt, in dem das Modell die vorgegebene Spezifikation nachbilden wird. Neben der Spezifikation von Eigenschaften für diesen Block ist auch die geforderte Modellierungsgenauigkeit anzugeben sowie Aussagen, welche Effekte höherer Ordnung neben den funktionsbestimmenden Eigenschaften im Modell zu berücksichtigen sind. Ebenso werden Entscheidungen zur Modellstruktur und zur Partitionierung des Modells nach Beschreibungsdomänen getroffen. Ein sehr allgemeiner mathematischer Modellansatz wurde in [26] vorgestellt.

Bei der **Modellimplementierung** geht es um die Kodierung der Beschreibung (Modellgleichungen, Zustandsautomat, ...) in einer geeigneten Beschreibungssprache. Auf System-Ebene bietet sich eine abstrakte, realisierungsunabhängige Sprache wie SystemC an, während ein Mixed-Signal-Block, der in Hardware realisiert werden soll, beispielsweise in einer Sprache wie VHDL-AMS modelliert

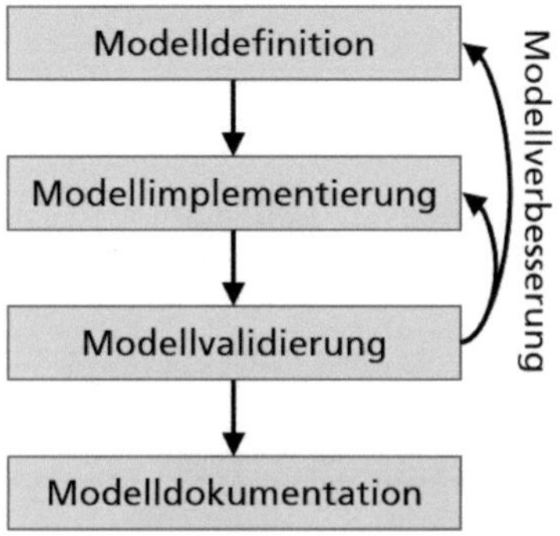

Abbildung 3.1: Allgemeiner Modellierungsablauf

werden kann. Für die Implementierung des Modells steht dabei eine Vielzahl analytischer, symbolischer und numerischer Modellierungsmethoden bereit.

Schließlich ist die **Modellvalidierung** zu erwähnen, bei der das implementierte Modell mit der gegebenen Spezifikation bzw. Schaltung hinsichtlich der Einhaltung der Genauigkeit und des Gültigkeitsbereiches verglichen wird. Entspricht das modellierte Verhalten nicht den Anforderungen, sind Modellverbesserungen hinsichtlich der Implementierung oder auch der Modelldefinition notwendig.

Als letzter Punkt im Modellierungsablauf ist die **Modelldokumentation** für das verifizierte Modell wichtig, um die Einsatzmöglichkeiten für eine spätere Wiederverwendbarkeit, aber insbesondere auch deren Grenzen, festzuhalten.

3.2 Modelldefinition

Der Austausch von Informationen zwischen verschiedenen Beschreibungsebenen für die Modellierung kann ganze Modelle, Teile eines Modells und Spezifikationen betreffen. Zunächst werden deshalb die Bestandteile eines Modells erläutert und systematisiert.

Bei der äußeren Sicht auf ein Modell lassen sich zwei wesentliche Bestandteile unterscheiden: die Modellschnittstelle und der Modellkern. Die **Modellschnittstelle** umfasst alle Zugriffsmöglichkeiten von außen auf das Modell, das heißt Modellpins und Modellparameter, während der **Modellkern** die innere Funktionalität des Modells darstellt und im allgemeinen von außen nicht zugänglich ist.

Für die Unterstützung eines durchgängigen Entwurfsablaufs ist der Austausch von Modellteilen und Modellspezifikationen zwischen den Ebenen notwendig. Dazu sind einheitliche Formate zu definieren und inhaltliche Kategorien vorzugeben. Die folgende Liste gibt Beschreibungsformen und Sichten auf ein Modell für den Informationsaustausch an:

- Modellschnittstellen
- Modellstrukturen
- Modellgleichungen
- formale Modellspezifikation
- numerische Daten

Darüber hinaus werden in einem durchgängigen Entwurfsablauf weitere Modellinformationen ausgetauscht:

- nichtformale Modellspezifikationen
- Modelldokumentation

Bei der Festlegung von Austauschformaten wird auf internationale Standards oder auf Quasi-Standards gesetzt, die durch weite Verbreitung und klare Definitionen besonders geeignet sind, die Schnittstelle zwischen verschiedenen Ebenen, Werkzeugen und Abläufen herzustellen.

Für den Austausch von Modellbeschreibungen bieten sich standardisierte Hardwarebeschreibungssprachen (HDLs) sowie für abstraktere Ebenen Sprachen für Systembeschreibungen bzw. Programmiersprachen an. Dagegen müssen für nichtformalisierbare Informationen textuelle Austauschformate gefunden werden.

3.2.1 Definition der Modellschnittstelle

Unter Pins sollen hier alle äußeren Klemmen des Modells verstanden werden, die veränderliche Werte (Signale) tragen können. Je nach verwendetem Modellierungswerkzeug werden die Pins auch als Terminals, Ports oder einfach als Signale bezeichnet. Über die Pins wird die Zusammenschaltung von Blöcken zu komplexeren Systemen realisiert. Tabelle 3.1 zeigt Klassifizierungen für Pins und mögliche Alternativen.

Je nach Abstraktionsebene und eingesetztem Simulator sind neben einfachen auch komplexe Datentypen für Pins möglich.

Im Gegensatz zu Signalen auf Pins werden die Parameter eines Modells einmalig während der Initialisierung übergeben und stehen im Folgenden fest. Damit lassen sich Charakteristiken des Modells einstellen und konstante Umgebungsbedingungen eingeben. Tabelle 3.2 zeigt Klassifizierungen für Parameter und mögliche Alternativen.

Auch für Parameter sind je nach Simulator einfache oder komplexe Datentypen möglich.

Die Entscheidung, ob eine Größe als Pin oder Parameter an das Modell übergeben wird, hängt häufig von der Aufgabenstellung ab. So kann beispielsweise eine konstante Umgebungstemperatur als Parameter übergeben werden. Dagegen wird die Simulation von Temperaturverläufen, deren Zeitkonstanten in der Größenordnung der elektrischen Zeitkonstanten liegen, über ein geeignetes Modellpin zusammen mit einer angeschlossenen Quelle ermöglicht.

Ein wichtiger Aspekt bei der Durchführung einer ebenenübergreifenden Modellierung ist die Übergabe der Modellschnittstelle zwischen Hierarchie-Ebenen. Pins und Parameter eines Blockes können auf der Architekturebene festgelegt werden, um sie an die Schaltungsebene zu übergeben, wo für die äußere Hülle des Blockes eine Schaltungsrealisierung entworfen wird. Andersherum kann für die Charakterisierung im Rahmen der Verifikation einer entworfenen Schaltung die Übergabe der Modellschnittstelle von der Schaltungs- an die Architekturebene erfolgen, wo die innere Funktion mit einem abstrakten Verhaltensmodell anstelle der elektrischen Schaltung realisiert wird. In beiden Fällen ist beim Wechsel der

Zeitachse	zeitkontinuierlich	zeitdiskret
Wertachse	wertkontinuierlich	wertdiskret
Rückwirkung	konservativ	nichtkonservativ
Domäne	elektrisch	nichtelektrisch

Tabelle 3.1: Klassifizierungen für Modellpins

Ordnung	1. Ordnung (funktional)	2. Ordnung (nichtfunktional)
Domäne	elektrisch (VTO, KP, ...)	geometrisch (W, L, ...)
Bezug	Instanz	Modelcard
Reichweite	lokal	global
Analyse	simulierbar (A0, f3dB, ...)	nicht simulierbar (Fläche, Kosten, ...)

Tabelle 3.2: Klassifizierungen für Modellparameter

Beschreibungsebene die Modellschnittstelle zu erhalten. Bei dieser Bedingung spricht man auch von der **Pinkompatibilität**, wenn sie rein auf die Anschlusspins bezogen ist. Aber auch für die Parameter sollte die Forderung der Kompatibilität gelten, auch wenn die Ausnahmebehandlung für nicht verwendete Parameter im allgemeinen einfacher ist, als für nicht angeschlossene Pins. Die Kompatibilität der Modellschnittstelle sichert einen nahtlosen Austausch verschiedener Beschreibungen ein und desselben Blocks. Im Rahmen einer Multi-Level-Simulation, bei der verschiedene Abstraktionsebenen innerhalb einer Simulation gemischt sind, können so beispielsweise Einflüsse einzelner, genau beschriebener Schaltungsteile auf die Eigenschaften des Gesamtsystems untersucht werden.

Die Hardwarebeschreibungssprache VHDL unterstützt durch ihr Entity-Architecture-Konzept hervorragend die Trennung in Modellschnittstelle (Entity) und Modellinhalt (Architecture). Dieses Konzept wurde auch bei der Erweiterung auf analoge und Mixed-Signal-Schaltungen mit VHDL-AMS [23] beibehalten.

Die Entity beschreibt nur die Modellschnittstelle mit Pins (Ports) und Parametern (Generics), nicht aber den Inhalt des Blocks.

```
entity entity_name is
    generic  (parameter_list);
    port    (port_list);
end entity entity_name;
```

Zu einer Entity können verschiedene Architekturen gehören, in denen unterschiedliche innere Funktionsweisen des Blocks beschrieben sind.

```
architecture architecture_name of entity_name is
begin
```

```
-- architecture_body
end architecture architecture_name;
```

Bei der Instanzierung des Blocks wird zur Entity eine Architektur ausgewählt. Der VHDL-AMS-Standard sieht dafür die `configuration` vor.

In der Parameter-Liste der Entity-Deklaration wird jeweils Name, Typ und bei Bedarf der Defaultwert des Parameters angegeben. Bei der Deklaration der Ports sind nur bestimmte Arten zugelassen: Signale und Real-Quantities werden ebenfalls mit Typ, Name und Defaultwert angegeben, wogegen die `terminals` einer bestimmten `nature` zuzuordnen sind.

```
[signal] name_list: [in|out|inout|buffer]type_name[:=expr];
quantity name_list: [in|out]real_type_name [:=expr];
terminal name_list: nature_name;
```

Zum Austausch von Modellinformationen zwischen den Hierarchieebenen müssen zu den einzelnen Bestandteilen der Modellschnittstelle häufig zusätzliche Informationen übergeben werden. Diese werden hier als Attribute bezeichnet. Darunter fallen beispielsweise zulässige Toleranzen für Parameterwerte, aber auch Bedingungen für die Ermittlung eines Parameterwertes.

Zusammenfassend ist eine Modellschnittstelle wie die Entity-Deklaration von VHDL-AMS als Austauschformat sehr gut geeignet. Es werden Pins und Parameter mit ihren wichtigen Eigenschaften erfasst und unabhängig von der inneren Architektur des Blocks beschrieben.

Spezifikation syntheserelevanter Parameter

Die Modellierung kann auch im Zusammenhang mit der Synthese analoger Schaltungen eingesetzt werden. Unter Synthese wird die Generierung und Dimensionierung von Schaltungen anhand einer gegebenen Spezifikation verstanden [61]. Dabei müssen die notwendigen Modellierungsschritte den besonderen Anforderungen der Synthese gerecht werden. Ein spezielles Problem in diesem Zusammenhang ist insbesondere die Annotation zusätzlicher, für den nächsten Syntheseschritt benötigter Parameter an das Modell. Im Folgenden werden Methoden für die Annotation zusätzlicher Parameter diskutiert und Beispiele für derartige Parameter aufgezählt.

Eine einfache Möglichkeit, zusätzlich Parameter an das Modell anzufügen, die nicht die eigentliche Funktion betreffen, ist die Verwendung von Kommentarzeilen („signifikante Kommentare“). Solche Zeilen können Text mit beliebigem Format enthalten und sind dadurch sehr variabel nutzbar. Der entscheidende Nachteil besteht darin, dass Kommentarzeilen in einem Modell vom Parser als erstes gelöscht werden. Die darin enthaltenen Informationen müssten mit einem eigenständigen Programm ausgewertet werden.

In der Literatur gibt es ebenfalls Überlegungen, wie einem Modell neben der Funktionalität des analogen oder mixed-signal-Systems zusätzliche Parameter für die High-Level-Synthese annotiert werden können. Doboli und Vemuri [37] schlagen dazu eine spezielle syntaktische Modellspezifikation vor, die sogenannten aBlox. Darin ist einerseits die analoge Funktion des Blockes beschrieben, getrennt nach deklarativen, algorithmischen und funktionalen Spezifikationen. Zum anderen werden Performance-Attribute spezifiziert. Darunter sind Einschränkungen auf Block- und Signalcharakteristiken (Spannung, Strom, Frequenz, Fläche, Leistungsaufnahme, ...) und Beziehungen zwischen ihnen zu verstehen. Die Autoren übersetzen die Modelle aus der selbst gewählten Notationsform aBlox schließlich in eine synthesefähige Teilmenge von VHDL-AMS. Der VHDL-Standard – und damit auch der erweiterte VHDL-AMS-Standard – sehen die Möglichkeit vor, Nutzer-definierte Attribute an Signale, Parameter, Entities, ... zu hängen. Dadurch wären die zusätzlichen Informationen dort, wo sie gebraucht werden: an die Modellparameter werden syntheserelevante Zusatzinformationen angehängt. Sie können im Modell oder in einem Synthesewerkzeug, dem das vollständige VHDL-Modell übergeben wird, ausgewertet werden.

Für die analoge Schaltungssynthese aus der vorangegangenen Architektursynthese lassen sich eine Reihe von typischen Beispielen aufzählen, die als syntheserelevante Parameter einem Block annotiert werden könnten:

Blockparameter

- Fläche auf dem Chip
- Transistorzahl
- Leistungsverbrauch

Signalparameter

- Extremwerte für Strom/Spannung oder Signalwert
- Schwellwerte für das Ansprechen (A/D-Wandlung)
- Treibereigenschaften (D/A-Wandlung)
- frequenzabhängige Impedanzcharakteristik im HF-Bereich
- Rausch-Charakteristiken (Rausch-Temperatur, Noise Figure)

Neben der Angabe von absoluten Grenzwerten spielt auch die Spezifikation von Toleranzen für bestimmte Parameter eine große Rolle. So können Charakteristiken für Impedanz oder Frequenzgang durch einen Toleranzschlauch spezifiziert sein. Für die Modellierung und Verarbeitung toleranzbehafteter Größen eignet sich die affine Arithmetik [62]. Die nominalen Eigenschaften und deren Abweichungen werden dabei so behandelt, dass es nicht zu immer pessimistischeren Abschätzungen im Laufe einer Signalverarbeitungskette kommt, sondern durch Beachtung der Operatoren und Operanden sich Fehler auch gegenseitig aufheben können. Um in der Architektursynthese die affine Arithmetik einzusetzen, ist die Spezifikation von toleranzbehafteten Parametern hilfreich.

3.2.2 Definition des Modellkerns

Nach der Definition der äußeren Schnittstelle des Modells sind nun Festlegungen zur internen Struktur für das zu erstellende Modell zu treffen. Bei der Festlegung des Modellkerns haben sich bestimmte Modellklassen herausgebildet, auf die später eingegangen wird.

Im Modellkern wird die Funktionalität des Blockes durch Verknüpfungen zwischen internen und externen Größen abgebildet. Auch hier stehen verschiedene Beschreibungsmittel zur Verfügung. Eine wichtige Einteilung von Modellen nach deren innerem Aufbau unterscheidet zwischen

- struktureller Modellbeschreibung (auch hierarchisch) sowie
- Verhaltensbeschreibung durch direkte Verknüpfung der internen Größen, Pinsignale und Parameter in Form von Gleichungen, Zuweisungen, Zustandsdiagrammen, ...

Strukturmodelle bestehen aus kleineren Teilmodellen, die über wenige Verbindungen miteinander verknüpft sind. Diese Untergliederung kann hierarchisch in mehreren Ebenen fortgeführt werden. Die unterste Hierarchieebene in Strukturmodellen bilden Elementare, die nicht weiter zerlegt werden, zum Beispiel gesteuerte Quellen, R-, L-, C-Elemente.

Im Top-down-Entwurfsprozess findet eine Verfeinerung von Modellen statt. Bei der Bottom-up-Entwicklung werden vorhandene Bausteine zu größeren Einheiten gruppiert. In beiden Fällen ist eine Beschreibung der inneren Struktur eines Blockes notwendig.

Die weit verbreiteten SPICE-Netzlisten verwenden ausschließlich Strukturinformationen in diesem Sinne. Die Netzliste enthält Aussagen zur Verbindung von Subblöcken bzw. Elementaren und deren Parametern. Möglichkeiten zur Verhaltensbeschreibung finden sich in Berkeley-SPICE nur sehr eingeschränkt.

Für Systemmodelle werden im allgemeinen abstrakte Sprachen zur Strukturbeschreibung verwendet, wie zum Beispiel SystemC/SystemC-AMS, da damit auch Systemspezifikationen ausgeführt werden.

Eine Hardwarebeschreibungssprache wie VHDL-AMS eignet sich für den Austausch von Strukturinformationen. Sie hat eine sehr weite Ebenenüberdeckung, da sowohl abstrakte Signalfluß-Graphen als auch Transistorschaltungen in ihrer Struktur beschrieben werden können. Bei der Instanzierung von Komponenten werden Design-Entities aus einer Bibliothek aufgerufen und mit einer der möglichen Architekturen verbunden. In dem aufrufenden Block stehen nur die Strukturinformationen: die Topologie des Verbindungsnetzwerkes und die Aufruf-Parameter für die einzelnen Subblöcke. Über die Realisierung der Subblöcke gibt es auf dieser Ebene keine Information.

Bei Konvertierungen zwischen verschiedenen Strukturbeschreibungsformaten ist neben der syntaktischen Anpassung die teilweise sehr unterschiedliche Semantik der strukturellen Beschreibungen zu beachten. Die Verknüpfung zweier gerichteter Signale hat beispielsweise eine deutlich andere Bedeutung als die Verknüpfung zweier elektrischer Terminals an einem Netzwerkknoten.

In **Verhaltensmodellen** wird dagegen das nachzubildende Verhalten direkt mithilfe einer Beschreibungssprache ausgedrückt. Hier gibt es sowohl sehr abstrakte, prozedurale Sprachen, bei denen ein Programmcode sequentiell abgearbeitet wird, wie auch Sprachen für die Eingabe des Algebro-Differentialgleichungssystems eines Blockes.

Häufig treten beide Modellklassen auch gemischt auf, beispielsweise indem Verhaltensmodelle die unterste Ebene hierarchisch gegliederter Strukturmodelle sind.

Für die Einteilung der Modellgleichungen nach verschiedenen „Models of Computation“ werden je nach Abstraktionsebene (System, Architektur, Netzwerk) und fachlichem Hintergrund (Informatik, Elektrotechnik, Regelungstechnik) sehr unterschiedliche Systematiken vorgeschlagen. Tabelle 3.3 zeigt sehr grobe, weithin akzeptierte Einteilungen der Modellgleichungen.

Typische Models of Computation im hier betrachteten Bereich der analogen Architektur- und Schaltungssynthese sind: Signal-Datenfluss (SDF), Discret-Event-System Specification (DEVS), konservative, elektrische Netzwerke (NW). Erläuterungen zu den verschiedenen Models of Computation finden sich in der Literatur [73, 173].

Bei der Beschreibung und dem Austausch von Modellverhalten sind Formate zu wählen, die es ermöglichen, ganz verschiedene Darstellungsformen für das Verhalten (siehe Kapitel 3.1.2) abzubilden.

- Beschreibung von zeitkontinuierlichem und zeitdiskretem Verhalten
- Beschreibung von konservativen und nichtkonservativen Größen
- Verwendung interner Zustände für die Abbildung dynamischen Verhaltens
- Verknüpfungen zwischen den vorkommenden Größen in Form von impliziten und expliziten Gleichungen sowie gerichteten Zuweisungen
- Einbindung von Subblöcken

Eine wichtige Modellklasseneinteilung wird nach der Art der zu verarbeitenden Signale durchgeführt. Modelle mit konservativen Signalen müssen den Kirchhoffschen

Analog/Digital	Differentialgleichungen	Differenzengleichungen
Linearität	linear	nichtlinear
Zeitabhängigkeit	statisch	dynamisch
Erhaltungssätze	gültig: Netzwerk	nicht gültig: Datenfluss

Tabelle 3.3: Klassifizierungen für Modellgleichungen

Gleichungen genügen. Sie können auch Rückwirkungen der Teilblöcke aufeinander berücksichtigen. Nichtkonservative Signale bilden dagegen einen gerichteten Datenfluss zwischen den Modellteilen nach.

Zur einheitlichen Beschreibung vieler Models of Computation innerhalb eines Modells ist der allgemeine Mehrpol-Ansatz geeignet, der in Abbildung 3.2 dargestellt ist [39, 80]. In diesem verallgemeinerten mathematischen Modellansatz können konservative Fluss- und Differenzgrößen, nichtkonservative zeitkontinuierliche Signale und zeitdiskrete Signale an den äußeren Klemmen auftreten. Alle Variablen gleichen Typs werden als Vektoren zusammengefasst, wobei jeweils nach unabhängigen (Eingangs-)Größen und abhängigen (Ausgangs-)Größen getrennt wird. Die fünf dargestellten Gleichungen verknüpfen diese Variablenvektoren miteinander sowie mit dem Vektor der externen Parameter $\mathbf{p}$ und dem Vektor der internen Zustandsvariablen $\mathbf{s}$ des Modells. Zudem ist die Zeit t in allen Gleichungen enthalten sowie die ersten Ableitungen der kontinuierlichen Größen zur Abbildung dynamischen Verhaltens.

Der dargestellte mathematische Modellansatz eignet sich unter anderem zur Abbildung von elektrischen und nichtelektrischen Netzwerken, Datenfluss-orientierten Systembeschreibungen, regelungstechnischen Blockdiagrammen und digitalen Logik-Gatter-Beschreibungen. Aufgrund der großen Überdeckung an Abstraktionsebenen empfiehlt sich der allgemeine Mehrpol-Ansatz zur simulatorunabhängigen Beschreibung von Modellgleichungen.

Generell ist die Darstellung des mathematischen Modellverhaltens unabhängig von einer konkreten Hardwarebeschreibungssprache von Vorteil. Dadurch ist die Modellgenerierung in eine der verfügbaren Sprachen (beispielsweise VHDL-AMS,

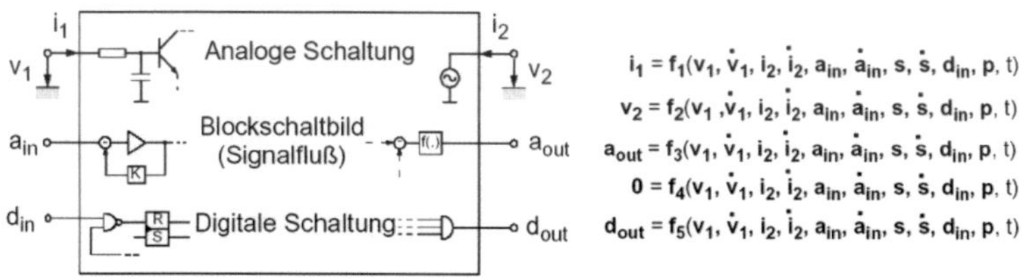

Abbildung 3.2: Allgemeiner Mehrpol-Ansatz

SystemC-AMS, Verilog-AMS, MAST) bei Bedarf mit geringem Aufwand möglich. Außerdem kann eine simulatorunabhängige Modelldokumentation erstellt werden.

Als allgemeine Notationsform von verschiedenartigem, mathematischem Modellverhalten bieten sich Syntaxbäume an (Abbildung 3.3). Simulatoren verwenden diese Form der Beschreibung als internes Format nachdem ein Parser die Hardwarebeschreibungssprache übersetzt hat. Dabei bilden jeweils Operatoren die Knoten und Operanden die Blätter des Baumes.

Auch das Mathematik-Programmsystem Mathematica verwendet Syntaxbäume (hier als Listen bezeichnet) zur allgemeinen Darstellung mathematischer Zusammenhänge. Diese sind auch extern verfügbar und damit für einen Austausch geeignet. Allerdings handelt es sich hierbei nicht um ein standardisiertes Format.

Im folgenden werden typische Klassen von Modellen für Analog- und Mixed-Signal-Schaltungen diskutiert.

3.2.3 SPICE-Makromodelle

Mit den ersten Schaltungssimulatoren entstand die Idee, durch Modelle das Verhalten einer komplexen elektronischen Schaltung nachzubilden. Die Simulatoren stellten dafür einfache Grundelemente, wie R, L, C und gesteuerte Quellen zur Verfügung. Wichtigster und bis heute am weitesten verbreiteter Vertreter ist der SPICE-Simulator mit allen seinen Abwandlungen.

Mit den vorhandenen Grundelementen können Modelle für komplexere Schaltungsblöcke aufgebaut werden. Erste Ansätze in dieser Richtung für das Beispiel Operationsverstärker sind lange bekannt [19, 60].

Da es sich um eine makroskopische Sicht auf die Schaltung handelt, entstand der Begriff der **Makromodellierung**: Makromodelle können als Approximation des Klemmenverhaltens einer Schaltung angesehen werden, bei denen nicht notwendigerweise das Verhalten interner Knoten nachzubilden ist.

Diese makroskopische Sicht der Modellierung kann sowohl im Top-down- als auch im Bottom-up-Entwurf Anwendung finden. Damals wurde bereits eine wichtige Eigenschaft der Makromodelle geprägt: die Aufteilung des Modells in Eingangs-, Übertragungs- und Ausgangsstufe, wie in Abbildung 3.4 zu sehen. Die Übertra-

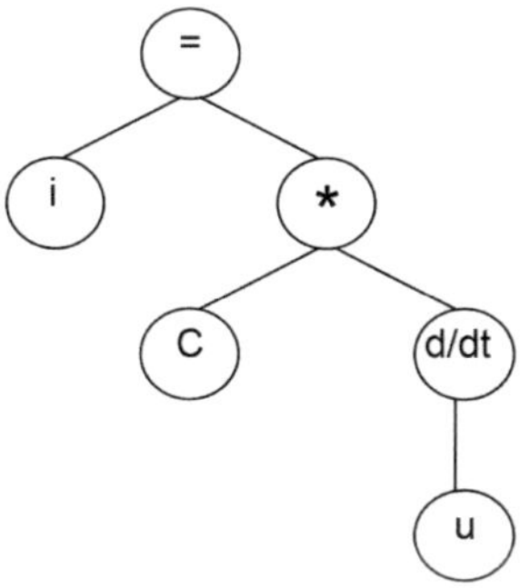

Abbildung 3.3: Syntaxbaum zur Beschreibung eines kapazitiven Zweipols

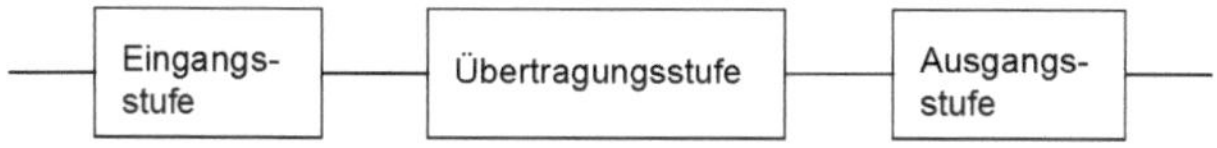

Abbildung 3.4: Struktur eines Makromodells

gungsstufe wird auch als Transfer- oder Funktionsstufe bezeichnet, da durch sie die Übertragungsfunktion der Schaltung realisiert wird. Ein- und Ausgangsstufe des Modells bilden im wesentlichen nur das analoge Randverhalten der Schaltung nach außen nach (Impedanz, Treiberstärke,...).

Die Stufen wurden anfangs mit SPICE-Ersatzschaltungen ausgeführt, also aus den genannten Grundelementen des Simulators SPICE. Aus dieser Zeit stammt die auch heute noch übliche Angewohnheit, unter Makromodellen Strukturmodelle aus Netzwerkelementen für SPICE-ähnliche Simulatoren zu verstehen.

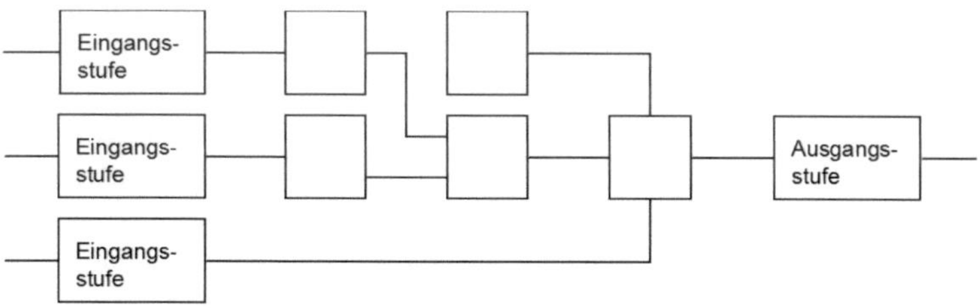

Abbildung 3.5: Erweiterte Struktur eines Makromodells

Eine Erweiterung des Ansatzes auf kompliziertere Strukturen stellt Abbildung 3.5 dar. Darin können die Stufen aus mehreren Teilsystemen aufgebaut sein, die untereinander verschaltet sind. Man geht davon aus, dass verschiedene zu berücksichtigende Effekte den einzelnen Stufen zugeordnet werden können. Damit lassen sich entkoppelbare Effekte durch getrennte Subblöcke realisieren. Solche Ansätze werden bis heute intensiv in der Literatur untersucht [20, 128] und erfolgreich eingesetzt.

3.2.4 Verallgemeinerte Makromodelle

Für komplizierte Blöcke ist die Nachbildung mit SPICE-Ersatzelementen jedoch zu aufwändig oder unmöglich. Mit dem Aufkommen von Verhaltensbeschreibungssprachen (Hardware Description Language – HDL) wurde es möglich, auch komplexere Blöcke im Modell nachzubilden. Das Prinzip der Makromodellierung kann trotzdem beibehalten werden, wenn man den Makromodellbegriff verallgemeinert und für die Teilsysteme ganz unterschiedliche Modellansätze zulässt. Verschiedene Beschreibungsdomänen werden damit ebenso innerhalb eines Modells möglich, wie die Mischung von Struktur- und Verhaltensmodellen.

Diese verallgemeinerten Makromodelle sind insbesondere für die Beschreibung von vielen Mixed-Signal-Schaltungen sehr gut geeignet, bei denen eine digitale Funktionalität im Kern von analoger Randbeschaltung (Abbildung 3.6, [26]) umgeben ist. Im Mixed-Signal-Makromodell wird diese Struktur beibehalten, der digitale Kern jedoch durch ein digitales Verhaltensmodell ersetzt. Zwischen den Stufen sind AD- bzw. DA-Wandler eingefügt, für deren Modellierung sich relativ einfache Kennlinien als ausreichend erwiesen haben. An den Klemmen verhält sich

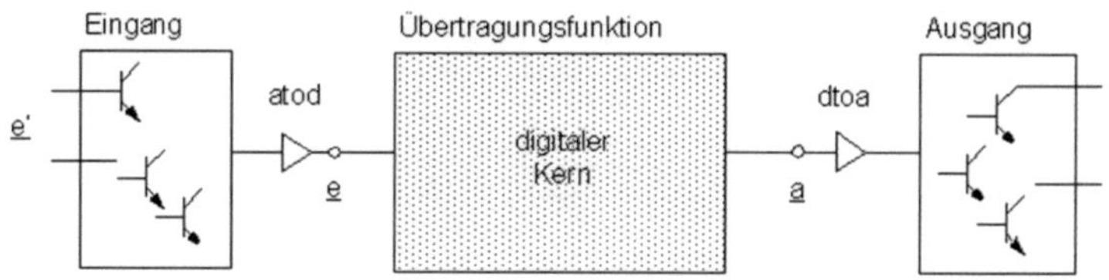

Abbildung 3.6: Struktur eines Mixed-Signal-Makromodells

das gesamte Modell ähnlich der Originalschaltung, da die Randbeschaltung (im wesentlichen) übernommen wurde. Die digitale Signalverarbeitung wird jedoch durch das Verhaltensmodell erheblich effektiver nachgebildet, was zu deutlichen Geschwindigkeitssteigerungen bei der Abarbeitung des Modells führt. Auf diese Weise konnten bereits sehr komplexe Telekommunikationsschaltkreise komplett simuliert werden [39].

Für eine gewisse Klasse von Modellen kann die Struktur des Funktionsblockes verallgemeinert werden [67]. Abbildung 3.7 zeigt, dass zwischen allen Klemmen Transferpfade über die Stufen realisiert wurden. Von den Ein- und Ausgangsstufen werden konservative Signale – also Spannungen und Ströme – verarbeitet, wogegen zwischen den Stufen und in der Transferstufe nichtkonservative Signale (wie sie in Blockschaltbildern üblich sind) existieren. Die Transferstufe wird hier als Frequenzstufe bezeichnet, obwohl beliebige Übertragungsfunktionen möglich sind. Für die Struktur und Parametrierung der einzelnen Frequenzstufen wurde ein CAD-Tool geschaffen, welches gestützt auf ein Expertensystem Elementarblöcke einfügt und streicht.

In der Regelungstechnik werden für die Modellierung häufig Black-Box-Verfahren (siehe nächster Abschnitt) angewendet, da hier meist kein Wissen über den inneren Aufbau des zu modellierenden Blockes vorliegt. Es werden Ein- und Ausgangssignal beobachtet und der Zusammenhang zwischen beiden in Form einer so genannten Modellidentifikation geschätzt.

Für die Strukturierung des Modells werden in der Regelungstechnik häufig die Ansätze von Wiener und Hammerstein verwendet [75]. Darin wird das Modell

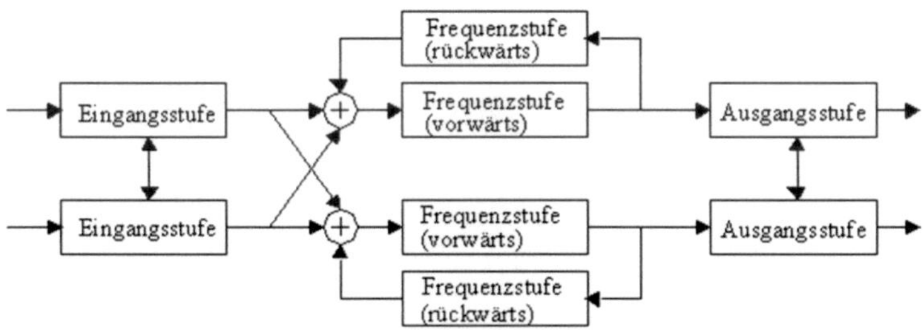

Abbildung 3.7: Makromodellansatz nach Hofmann [67]

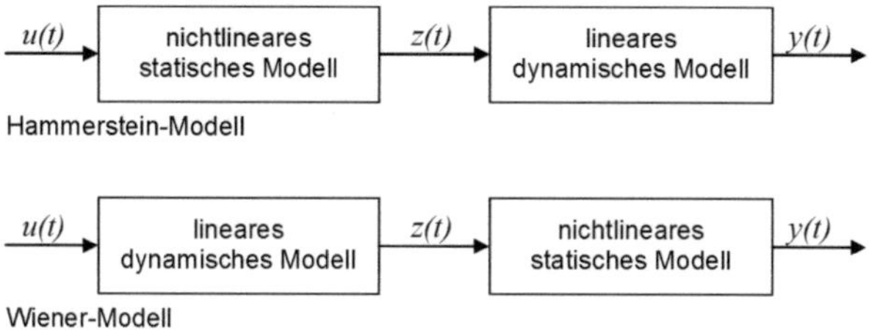

Abbildung 3.8: Wiener- und Hammerstein-Modell

in einen linearen dynamischen und einen nichtlinearen statischen Anteil geteilt (Abbildung 3.8). Das Wiener- und das Hammerstein-Modell unterscheiden sich in der Anordnung der beiden Modellteile. Auch Kombinationen (nichtlinear – linear – nichtlinear bzw. linear – nichtlinear – linear) werden verwendet [68]. Diese generelle Einteilung bietet Vorteile bei der Stabilität und der Parameterschätzung. Ein Verfahren zur automatischen Generierung solcher Modelle wird in [18] vorgestellt.

3.2.5 Zusammenstellung der Modelleigenschaften

Zusammefassend sollen noch einmal die wichtigsten Eigenschaften der besprochenen Struktur- und Verhaltensmodelle aufgeführt werden, die teilweise auch für andere Modellklassen gültig sind:

- es werden eine Reihe von charakteristischen Eigenschaften einer Schaltung / Schaltungsklasse nachgebildet
- Modellbildung ist stets eine Abstraktion, so werden je nach Fragestellung nur die wichtigen Eigenschaften einer Schaltung im Modell erfasst
- es wird davon ausgegangen, dass einzelne nachzubildende Effekte in ihrem Einfluss auf das Gesamtverhalten weitgehend entkoppelt sind, wenn sie in getrennten Teilblöcken modelliert werden
- das Gesamtverhalten ergibt sich aus der Überlagerung der Einflüsse der einzelnen Teilblöcke
- das Modell ist immer nur in dem Bereich gültig, der auch zur Approximation des Schaltungsverhaltens herangezogen wurde

- an den äußeren Klemmen verhält sich das Modell im wesentlichen wie die Schaltung (Pinkompatibilität), wogegen die innere Struktur des Modells wesentlich vereinfacht sein kann

3.3 Modellimplementierung

In diesem Schritt geht es um die Anwendung von Verfahren zur Implementierung des Modells entsprechend der gegebenen Modelldefinition. Eine grundsätzliche Unterscheidung von Modellierungsverfahren wird von Gielen vorgenommen [49]. Danach stehen auf der einen Seite **Black-Box-Methoden** („fitting approaches"), bei denen lediglich das Ein-/Ausgangsverhalten als Ausgangspunkt für die Beschreibung des Verhaltens dient. Der innere Aufbau der zu modellierenden Schaltung wird jedoch als „Black Box" angesehen. Demgegenüber gehen die **White-Box-Methoden** („constructive approaches") von der Originalstruktur der Schaltung aus und verfolgen das Ziel, dessen Beschreibung zu vereinfachen.

In gewissem Sinne kann man die analytische Verhaltensmodellierung als **Grey-Box-Methode** auffassen: hier werden Ansatzfunktionen für Kennliniengleichungen entsprechend der grundsätzlichen Funktion des Blockes angenommen, die Parameter und Koeffizienten dieser Ansatzfunktionen ermittelt man aber durch Simulation des Ein-/Ausgangsverhaltens.

Im Folgenden werden die wichtigsten Modellierungsverfahren in ihrem Prinzip und anhand von Beispielen vorgestellt.

3.3.1 Symbolische Modellierung

Methode
Symbolische Modellierungsmethoden gehören zur Klasse der konstruktiven Verfahren. Diese gehen direkt von der Struktur des nachzubildenden Systems aus. Durch die sehr enge Kopplung des Modells an die Schaltungsstruktur machen Änderungen in der Schaltungstopologie im Allgemeinen eine neue Modellierung notwendig.

Das Modellierungsprinzip besteht darin, das vollständige Gleichungssystem einer Schaltung mittels verschiedener Verfahren zu vereinfachen. Dabei wird eine

Fehlerschranke vorgegeben, bis zu der die Simulation der Beschreibungsgleichungen des Modells von den Ergebnissen der Schaltungssimulation abweichen darf. Demzufolge ist das entstehende Modell von der Wahl der Vergleichssimulation abhängig.

Das vollständige Algebro-Differential-Gleichungssystem (DAE) dient als Ausgangspunkt für die Modellierung. Darin sind die Beschreibungsgleichungen aller Schaltungselemente (R, L, C, ...) enthalten. Für Transistoren kommen im Zeitbereich nichtlineare Modellgleichungen zum Einsatz. Es stehen verschiedene Modellansätze zur Verfügung, wie die Standard-MOS-Modelle (auf Berkeley-SPICE-Modellen beruhend), das Gummel-Poon-Modell, die BSIM-Modelle, die EKV-Modelle sowie die HICUM-Modelle für Bipolar-Transistoren. Im Kleinsignalbereich werden im Allgemeinen linearisierte Ersatzschaltungen für die Transistoren angegeben. Erst in jüngster Zeit wird dazu übergegangen, in den Modellen anstelle von Ersatzkapazitäten direkt die Ladungsverschiebungen im Silizium zu beschreiben.

Hinzu kommen die linearen Kirchhoff'schen Knoten- und Maschengleichungen, welche die Verschaltung der Elemente repräsentieren. Im ersten Schritt wird für dieses vollständige DAE-System im interessierenden Bereich eine Referenzsimulation durchgeführt. Damit wird festgelegt, in welchem Bereich und bezüglich welcher Eingangssignale die Modellierung erfolgt.

Die symbolische Notation des Gleichungssystems erlaubt zunächst eine Reduktion der Anzahl der Gleichungen mittels automatischer Substitution und Elimination. Es werden Zwischenvariablen eliminiert und durch aufgelöste Gleichungen substituiert. Dieser Modellierungsschritt ist exakt und beinhaltet keine Näherung. Bei der Reduktion der Variablen und Gleichungen erhöht sich unter Umständen die Anzahl der Terme in den Gleichungen oder deren Komplexität. Durch Wahl der Verfahrensparameter kann der Anwender die Suche nach einem geeigneten Kompromiss beeinflussen.

Die eigentliche Abstraktion erfolgt durch systematisches, schrittweises Vereinfachen der Gleichungen. Dazu wird ermittelt, welche Terme in der beschreibenden Systemmatrix weggelassen werden können, da sie innerhalb einer vorgegebenen Fehlerschranke keinen Einfluss auf das Simulationsergebnis haben. Entscheidend ist also der Einfluss eines Terms auf das Simulationsergebnis. Mit Hilfe des Sherman-Morrison-Theorems lässt sich dieser Einfluss für die Approximation im

Kleinsignalbereich berechnen. Bei der transienten Analyse gibt es bisher keine Möglichkeit, diesen Einfluss zu berechnen. Deshalb werden einzelne Terme der Reihe nach gestrichen und nach jedem Schritt wird mit der anfangs durchgeführten Referenzsimulation verglichen, ob nach der Vereinfachung immer noch die vorgegebene Fehlerschranke eingehalten wird. Ansonsten ist der Schritt rückgängig zu machen [158].

Wichtig ist also, dass die resultierenden Modellgleichungen nur bezüglich der anfangs durchgeführten Referenzsimulation gültig sind. Die verbliebenen Terme können weiterhin symbolische Größen beinhalten. Eine Mischform stellen die semisymbolischen Verfahren dar, bei denen einige Parameter symbolisch belassen und andere durch numerische Werte ersetzt werden.

Als leistungsfähiges Werkzeug für symbolische Analysen und Vereinfachungen steht beispielsweise die Software „Analog Insydes“ [63] vom Fraunhofer Institut ITWM in Kaiserslautern zur Verfügung. Neben der Vereinfachung linearer Blöcke im Kleinsignalbereich können auch nichtlineare Blöcke mit Analog Insydes analysiert und bezüglich des Verhaltens im Zeitbereich approximiert werden. Weiterhin sind Verfahren zur Vereinfachung stückweise definierter Kennlinien implementiert, die gerade die Beschreibung von MOS-Transistoren wesentlich reduzieren können, wenn diese nur in bestimmten Teilen der Kennlinie betrieben werden.

Beispiel: Stromspiegel

Ein Stromspiegel hat die Aufgabe, am Ausgang einen Strom abzugeben, der bis zu einem gewissen Maximalwert gleich dem Eingangsstrom ist. Für größere Eingangsströme tritt eine Sättigung am Ausgang ein. Eine typische Transferkennlinie ist in Abbildung 3.9 dargestellt (durchgezogene Linie). Im Beispiel wurde ein doppelter Stromspiegel bestehend aus 4 MOS-Transistoren untersucht, dessen Schaltungstopologie in Abbildung 3.10 dargestellt ist. Um die Größe des Problems zu beschränken, wurden MOS-Level1-Modelle für die Transistoren eingesetzt.

Mit dem Befehl `ReadNetlist` kann die SPICE-Netzliste direkt in das Symbolische Analysewerkzeug AnalogInsydes eingelesen werden. Der Befehl `CircuitEquations` ermöglicht die Aufstellung des vollständigen Gleichungssystems zu dieser Schaltungsnetzliste. Das Gleichungssystem hat die Dimension 38×38. Darin sind die Spannungen und Ströme der Transistoren und der Testbench als Unbekannte enthalten. Daneben ist eine große Zahl von Parametern symbolisch im Glei-

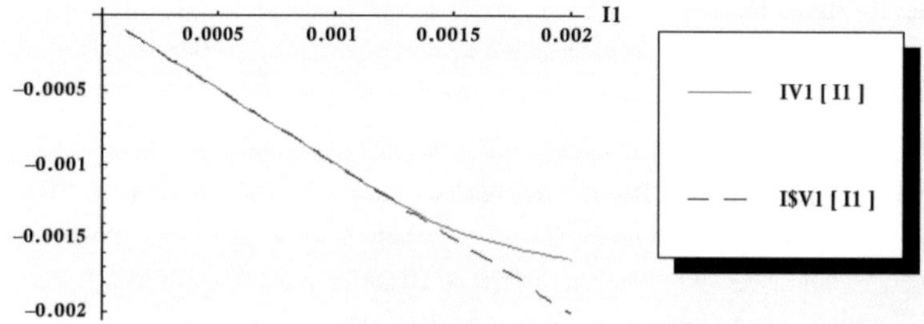

Abbildung 3.9: Typische Kennlinie eines Stromspiegels

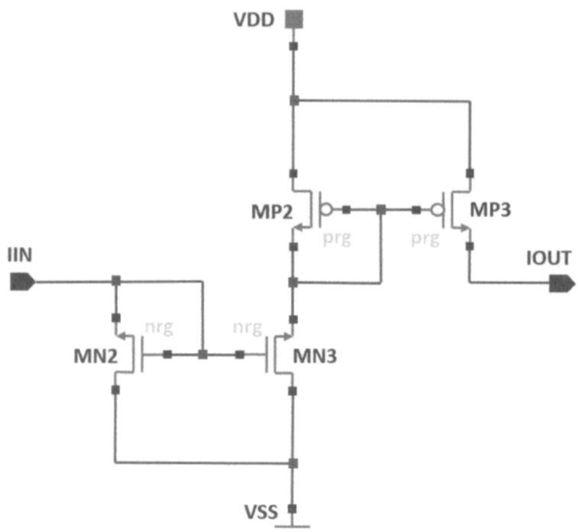

Abbildung 3.10: Schaltungstopologie eines Stromspiegels

chungssystem verblieben. Dazu gehören unter anderem die Weiten und Längen der Transistoren. Entsprechend der Funktion des Stromspiegels werden je zwei Transistoren mit gleichen Abmessungen gewählt. Dies kann in der symbolischen Darstellung durch eine Matching-Bedingung berücksichtigt werden, also durch Vergabe gleicher Namen für die Weiten und Längen eines Transistorpaares. Hier werden jedoch verschiedene Namen belassen, um die Auswirkung von Mismatch zu untersuchen.

Im folgenden Schritt können nun die kompletten Modellgleichungen gelöst werden. Mit `NDAESolve` wird eine DC-Transfer-Analyse über den Eingangsstrom `I1` im Bereich von 0.1 bis 10 mA durchgeführt. Dabei werden als Parameter die Weiten/Längenverhältnisse `WL1` und `WL3` der Transistorpaare in einem Netz von 10×10 Stützstellen variiert.

Ziel ist es, zunächst für den linearen Übertragungsbereich die DC-Transferkennlinie symbolisch zu bestimmen. Vor der nichtlinearen Vereinfachung werden von Analog Insydes Referenzwerte als Grundlage für die späteren Analysen ermittelt. Dafür steht der Befehl `NonlinearSetup` zur Verfügung. Als Argumente werden Eingangs- und Ausgangsgröße sowie Analyse und Parameterbereich für die Referenzsimulation angegeben. In einem ersten Vereinfachungsschritt eliminiert `CompressNonlinearEquations` redundante Gleichungen zusammen mit Variablen, die weder als Eingangs- noch als Ausgangsgröße benötigt werden. Es handelt sich dabei um einen exakten Rechenschritt, bei dem also keine Näherungen angewendet werden. Das entstehende System hat die Dimension 31×31, d.h. sechs Gleichungen konnten bereits eliminiert werden.

Es folgt nun ein Näherungs-Schritt, indem mit `CancelTerms` solche Terme gesucht werden, deren Beitrag zum Simulationsergebnis im interessierenden Bereich kleiner als die angegebene Fehlerschranke ist. Dabei wird die Dimension des Gleichungssystems nicht verändert. Als Fehlerschranke wird hier ein Bereich von 1μA für den Ausgangsstrom `IV1` gewählt. Anschließend ist das System mit der verringerten Anzahl Terme erneut zu verdichten. Nach den gesammelten Erfahrungen haben hier die gewählten Optionen einen großen Einfluss auf das Ergebnis. Das entstehende System hat die Dimension 6×6 und kann gelöst werden. Die darin enthaltenen bedingten Anweisungen lassen sich bezüglich des gewählten Referenzbereichs ebenfalls automatisch auswerten. Dieses System kann abermals komprimiert werden, was auf ein 3×3-System führt, und anschließend erneut einer Termstreichung unterzogen werden. Im Ergebnis stehen schließlich drei symbolische Gleichungen in drei Variablen zur Verhaltensbeschreibung des Stromspiegels im linearen Bereich zur Verfügung. Diese können nach dem interessierenden Ausgangsstrom aufgelöst werden. Das Ergebnis ist die lineare Übertragungskennlinie.

$$i_{\text{out}} = -\frac{L_{\text{MN2}} W_{\text{MN3}} L_{\text{MP2}} W_{\text{MP3}}}{W_{\text{MN2}} L_{\text{MN3}} W_{\text{MP2}} L_{\text{MP3}}} i_{\text{in}} \tag{3.1}$$

Der Ausgangsstrom hängt linear vom Eingangsstrom ab, wie es gestrichelt in Abbildung 3.9 dargestellt ist. Der Übertragungsfaktor setzt sich zusammen aus den W/L-Verhältnissen der einzelnen Transistoren. In dem Formelausdruck sind die Weiten und Längen der vier Transistoren als symbolische Parameter belassen. So lassen sich leicht symbolische Ausdrücke für den Mismatch berechnen, wenn die beiden Transistoren eines Paares nicht gleiche Geometrien haben.

Durch Einsetzen der Parameterwerte für die Transistorgrößen erhält man aus der symbolischen Lösung eine numerische. Diese Lösung kann mit der ursprünglich für das gesamte System ermittelten Referenzlösung verglichen werden. Dabei zeigt sich im betrachteten linearen Bereich eine sehr gute Übereinstimmung mit der ursprünglich für das gesamte System ermittelten Referenzlösung. Demzufolge haben die durchgeführten Näherungen zu einem stark vereinfachten Gleichungssystem geführt, welches im modellierten Bereich aufgrund der vorgegeben Fehlerschranke das gleiche I/O-Verhalten aufweist.

Außerhalb des linearen Übertragungsbereiches des Stromspiegels kann das vereinfachte Modell nicht angewendet werden. Insbesondere den Bereich, in dem der Ausgangsstrom in die Begrenzung kommt, kann dieses Modell nicht wiedergeben. Dafür wäre eine Vergrößerung des betrachteten Bereiches während der nichtlinearen Vereinfachungen nötig. Im Begrenzungsbereich kann die Fehlerschranke deutlich aufgeweitet werden, da der Stromspiegel vorzugsweise im linearen Bereich arbeitet. Lediglich die Tatsache, dass es ab einem bestimmten Punkt eine Begrenzung gibt, spielt für das Verhalten eine Rolle, aber nicht deren exakter Verlauf.

Beispiel: Spannungsgesteuerter Oszillator

Das vorangegangene Beispiel zeigte die Anwendbarkeit der symbolischen Approximationsmethode auf eine Grundschaltung. Darauf aufbauend wurde ein spannungsgesteuerter Oszillator (Voltage Controlled Oszillator – VCO) als eine komplexere Schaltung, die sich in Grundschaltungen zerlegen lässt, untersucht [82].

Durch die symbolische Approximation konnte das Gleichungssystem im Ergebnis von 318 auf 7 Gleichungen reduziert werden. Die Anzahl der Terme als Maß für die Komplexität verringerte sich um den Faktor 4 von ca. 3000 auf 780. Die Rechenzeit für das Modell wurde gegenüber dem vollständigen Gleichungssystem etwa um den Faktor 23 beschleunigt. Abbildung 3.11 zeigt die gute Übereinstimmung insbesondere bei den Nulldurchgängen, aus denen sich die Frequenz bestimmt. Auch die Veränderung der Frequenz durch die angelegte Steuerspannung konnte gut nachgebildet werden.

Nach der erfolgreichen Reduktion des Systems mittels symbolischer Approximation wurde schließlich aus den verbliebenen Gleichungen ein Verhaltensmodell in VHDL-AMS generiert. Allerdings ging dabei der erreichte Geschwindigkeitsvorteil in Analog Insydes von ca. 23 wieder verloren. Das generierte Verhaltensmodell ist im Schaltungssimulator um den Faktor 9 langsamer in der Abarbeitung als die ursprüngliche SPICE-Netzliste.

Unterdessen sind eine Reihe von Arbeiten veröffentlicht worden, die sich mit der Verbesserung der generierten Verhaltensmodelle befassen [135]. Ein Ansatz besteht darin, dass bestimmte Teile der Gleichungen, die mehrfach im System vorkommen, einmalig voraus berechnet werden. Andererseits wurden auch Verbesserungen an den Schaltungssimulatoren untersucht, um generierte Verhaltensmodelle ähnlich effizient wie eingebaute Modelle abarbeiten zu können.

3.3.2 Numerische Modellierung

Interpolation

Komplexe, mehrdimensionale Abhängigkeiten im Modellverhalten lassen sich häufig schlecht analytisch beschreiben. Stattdessen kommen hier Tabellenmodelle (Table-Look-up models - TLU) zum Einsatz. Dabei wird das Ein-/Ausgangsverhalten in Form einer Tabelle abgelegt, die mehrere Dimensionen beinhalten kann, beispielsweise kann die Ausgangsspannung eines Verstärkers in Abhängigkeit von Eingangsspannung, Biasstrom, Temperatur und Betriebsspannung aufgenommen werden. Bei der Messung und Tabellierung ist kein Wissen über den inneren Aufbau des Blocks notwendig (sogenanntes „Black-Box"-Modell), wenn man da-

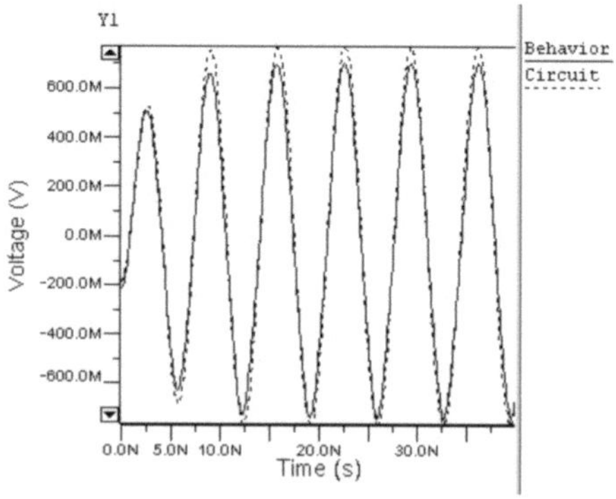

Abbildung 3.11: Simulationsvergleich Transistorschaltung versus Verhaltensmodell des VCO

von absieht, dass die Eingangswerte natürlich so gewählt sein müssen, dass der eigentlich interessierende Bereich des Verhaltens in der Tabelle erfasst wird.

Allerdings wird die Messung von Tabellenwerten immer nur auf einem (nicht unbedingt äquidistanten) Gitter von Stützwerten erfolgen. Wird vom Modell ein Wert zwischen den Gitterpunkten verlangt, ist eine Interpolation notwendig. Im einfachsten Falle kommen dafür Polynome in Betracht. Je nach Art der Abhängigkeit und geforderter Modellgenauigkeit sollte entsprechend die Ordnung der Interpolation gewählt werden. Neben Polynomansätzen werden auch Spline-Interpolationen verwendet.

Ein Teil der Modellierungssprachen und Simulatoren am Markt unterstützt die Abarbeitung von Tabellenmodellen durch effizient implementierte Interpolationsalgorithmen. Dadurch ist die schnelle Abarbeitung solcher Modelle in der Simulation gewährleistet. Beispielsweise enthält Verilog-A bereits im Standard eine entsprechende Anweisung `table`.

Der VHDL-AMS-Standard enthält keine Konstrukte für Table-Look-up Modelle. Im Simulator ADVanceMS von Mentor Graphics wird diese Anweisung über eine spezielle Bibliothek auch für VHDL-AMS-Modelle zugänglich gemacht. Diese Modelle sind allerdings nicht in einem anderen VHDL-AMS-Simulator nutzbar.

Von Synopsys wird im Rahmen der Saber Tools ein Werkzeug Model Architect angeboten, mit dem sich für einzelne Klassen von Schaltungen und Systemen (Batterien, Sicherungen, Power Electronics, ...) Modelle generieren lassen. Unter

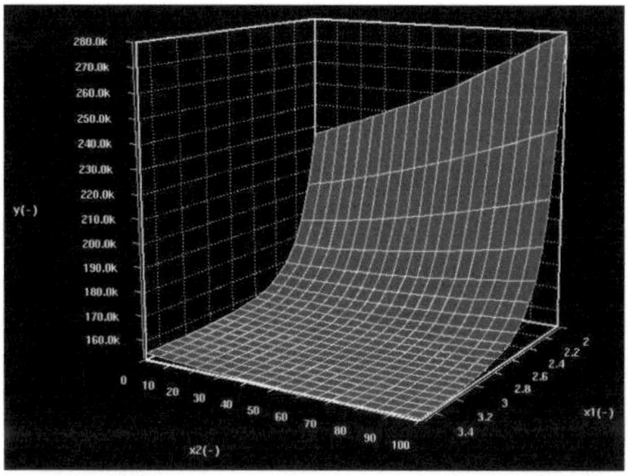

Abbildung 3.12: Visualisierung eines Tabellenmodells für die Abhängigkeit der Bandbreite von Temperatur und Betriebsspannung

anderem wird dabei auch ein Hilfsmittel zur Generierung von Table-look-up Modellen angeboten (siehe Abbildung 3.12). Eingelesene ASCII-Tabellen können in MAST und VHDL-AMS generiert werden. Der zugrunde liegende Interpolationsalgorithmus steckt auch hier in einer eigenen Bibliothek. Die Modelle sind demnach ebenfalls nicht portierbar.

Approximation

Bei der Abarbeitung von Tabellenmodellen muss grundsätzlich zur Laufzeit eine Interpolationsaufgabe gelöst werden, die bei hochdimensionalen Feldern zeitaufwändig sein kann. Eine Alternative stellt die Approximation des numerischen Verhaltens mittels Ansatzfunktionen im Zuge der Modellbildung dar. Zum Zeitpunkt des Modellaufrufs tritt an die Stelle einer Interpolationsaufgabe die Auswertung der Approximationsfunktion. Man spricht in diesem Zusammenhang auch von Response-Surface-Modellen (RSM) [150].

Eine bekannte Methode ist der Einsatz von radialen Basisfunktionen (RBF) als Ansatz für die Approximation. Verschiedene Typen von Ansatzfunktionen eignen sich für diese Art der Approximation als Kerne (Abbildung 3.13).

Der Vorteil einer Approximation besteht darin, dass die Funktion zum Zeitpunkt des Modellaufrufs bekannt ist und lediglich ausgewertet werden muss. Allerdings kann diese Aufgabe ebenso zeitintensiv sein, wenn die Anzahl der „Zentren“ (Zentralpunkt eines radialen Basiskerns) sehr groß ist. Es können Methoden eingesetzt werden, die Anzahl dieser Kerne zu verringern.

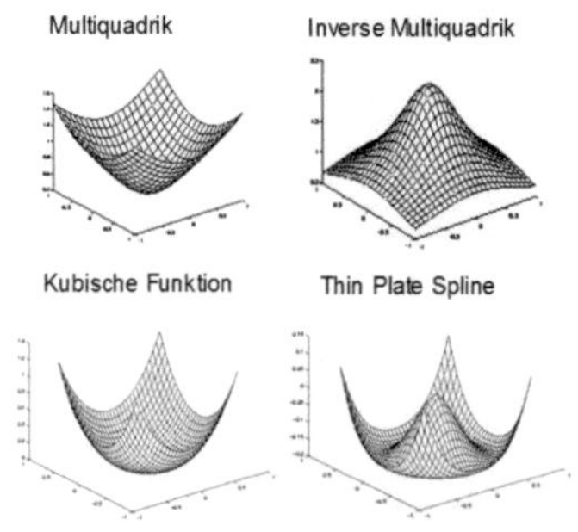

radiale Funktion φ	Typ
$\varphi(r) = r$	Lineare Funktion
$\varphi(r) = \sqrt{r^2 + c^2}$	Multiquadrik
$\varphi(r) = 1/\sqrt{r^2 + c^2}$	Inverse Multiquadrik
$\varphi(r) = r^3$	Kubische Funktion
$\varphi(r) = r^2 \log r$	Thin Plate Spline

Abbildung 3.13: Typen von RBF-Ansatzfunktionen

In [133] wurde das Werkzeug MARABU (Multivariate Approximation mit RAdialen BasisfUnktionen) für die Modellierung mittels Radialer Basisfunktionen vorgestellt. Als Modellbeschreibung werden lediglich die Matrizen der Koeffizienten und der Stützstellen sowie ein Normierungsvektor abgelegt. Zum Zeitpunkt des Modellaufrufs wird ein Funktionswert durch Matrizenoperationen berechnet.

Bei der Anwendung der RBF-Modellierung zeigte sich, dass die Güte der Approximation entscheidend von der Form der zu approximierenden Funktion abhängt. Typische Übertagungskennlinien eines Operationsverstärkers lassen sich aufgrund des sehr steilen Übergangs im Verstärkungsbereich und dem sehr flachen Verlauf in den Sättigungsbereichen nur sehr schlecht mit dem RBF-Ansatz approximieren. Es kann zu Überschwing-Effekten kommen.

Ein weiteres numerisches Verfahren zur Erstellung von Verhaltensbeschreibungen für Schaltungsblöcke basiert auf der Methode der Modellordnungreduktion (*Model Order Reduction - MOR*) [8, 152]. Ausgangspunkt ist eine numerische Darstellung des vollständigen, komplexen Zusammenhangs zwischen den externen Einflussgrößen und sämtlichen internen Zuständen. Davon ausgehend wird eine numerische Projektion (beispielsweise Krylow-Unterraum-Verfahren) mit dem Ziel angewandt, die Anzahl der internen Freiheitsgrade drastisch zu reduzieren, wobei das Verhalten bezogen auf wenige Ein-/Ausgabegrößen erhalten bleiben soll. Allerdings ist dieses Verfahren auf lineare Systeme beschränkt und damit in erster Linie für die Modellierung von parasitären Effekten (thermische Wechselwirkungen, Substratverkopplung und ähnliches) geeignet. Eine Erweiterung auf die Modellierung von nichtlinearem Verhalten, wie es typischerweise in Schaltungsblöcken vorkommt, ist Gegenstand der Forschung.

Ein neuer Ansatz zur numerischen Modellierung des Schaltungsverhaltens wurde von Steinhorst et.al. untersucht [159]. Dabei wird das diskretisierte zeitliche Verhalten eines Blockes durch eine Trajektorie im Zustandsraum nachgebildet. Dieses Verfahren erlaubt auch die Modellierung von nichtlinearem Verhalten und ist insbesondere für die formale Verifikation der Modellimplementierung geeignet.

Ein Nachteil numerischer Verfahren ist die feste Bindung an sämtliche Randbedingungen. Soll die Abhängigkeit von einem weiteren Parameter betrachtet werden, beispielsweise von der Betriebsspannung, so sind die Simulationen erneut durchzuführen.

3.3.3 Parametrisierbare Verhaltensmodelle

Methode

Ein Nachteil der SPICE-Makromodelle ist der zusätzliche Aufwand für ihre Parametrisierung. Möchte man eine Modell für eine ganze Klasse von Schaltungen erzeugen (z.B. für alle single-ended Operationsverstärker), so sind die Parameter des Modells (Verstärkung, Bandbreite, Offsetspannung, Eingangswiderstand, ...) variabel zu halten. Bei der Verwendung eines solches Modells zur Nachbildung einer konkreten Schaltung müssen die angegebenen Modellparameter in interne Größen der Ersatzelemente umgerechnet werden (z.B. werden aus den Angaben zu Polen und Nullstellen die Werte für RC-Glieder einer SPICE-Ersatzschaltung). In der Regel beeinflusst die Änderung eines Modellparameters die Werte mehrerer Elemente der Ersatzschaltung.

Einen allgemeinen Ansatz bietet die Modellierung unter Verwendung von Verhaltensbeschreibungssprachen. Insbesondere eignen sich sogenannte **parametrisierbare Verhaltensmodelle** für die Modellierung ganzer Klassen von elektronischen Schaltungen. Darin werden für die Nachbildung der grundsätzlichen Funktionalität Ansatzfunktionen gewählt. Die Ansatzfunktionen enthalten freie Parameter, welche freie Parameter des Modells werden oder aus den Modellparametern in einem Initialisierungsschritt berechnet werden können.

Bei diesem Modellierungsverfahren ist der grundsätzliche Zusammenhang zwischen Ein- und Ausgangsgrößen im allgemeinen bekannt. Damit kann das Wissen über den prinzipiellen funktionalen Zusammenhang dazu genutzt werden, eine an das Problem angepasste Ansatzfunktion zu wählen. Beispielsweise werden für das Begrenzungsverhalten von Verstärkern häufig als Ansatzfunktionen Tangens hyperbolicus oder ungerade Polynome verwendet. Die Koeffizienten dieser Ansatzfunktionen werden dann aus den entsprechenden Modellparametern berechnet (z.B. aus dem Intercept Point 3. Ordnung IP3 bei einem Hochfrequenzverstärker).

Die Modellbildung verlangt, stets den Gültigkeitsbereich des Modells zu beachten. Ansatzfunktionen werden typischerweise nur für einen gewissen interessierenden Arbeitsbereich des Modells aufgestellt. In diesem Bereich wird durch geeignete Parametrisierung der Funktion für Übereinstimmung von Modell und Schaltung gesorgt. Die gesetzten Grenzen der Ansatzfunktion während der Parameterermittlung bilden gleichzeitig auch den Gültigkeitsbereich des Modells. Der Anwender des Modells ist auf die Grenzen des Modellgültigkeitsbereichs hinzuweisen. Außerhalb der Gültigkeitsgrenzen kann das Modell durch die parametrisierten Ansatzfunktionen weiterhin sinnvolles Verhalten zeigen, das jedoch nicht notwendigerweise mit dem Verhalten der Schaltung in diesem Bereich übereinstimmt. Andere Ansatzfunktionen verhalten sich jenseits der spezifizierten Grenzen numerisch instabil. Polynomansätze neigen zu Oszillationen, Exponentialfunktionen zu numerischen Überläufen. Dies zeigt sich die Notwendigkeit einer Überwachung der Modellgrenzen.

Die Parameterwerte für parametrisierbare Verhaltensmodelle gewinnt man durch Charakterisierung einer konkreten, nachzubildenden Schaltung. Dazu werden automatisch ablaufende Charakterisierungsumgebungen benötigt, die eine Schaltung simulieren und anschließend aus den Simulationsergebnissen die charakteristischen Kenndaten extrahieren. Viele Simulatoren bieten dafür Skriptsprachen an, die Charakterisierung und Parameterextraktion unterstützen sollen, nur wenige bereiten solche Umgebungen bereits vor (Cadence Aptivia, Mentor BMC).

Das hier vorgestellte Modellierungsverfahren kann - im Gegensatz zu den symbolischen und numerischen Verfahren - auch als analytische Modellierung bezeichnet werden, da das grundsätzliche Verhalten in den Modellen mittels analytischer Gleichungen beschrieben wird. Die freien Parameter in diesen Gleichungen dienen dazu, einen konkreten Kennlinienverlauf nachzubilden und wichtige Einflussfaktoren zu berücksichtigen. Die entstehenden Modelle lassen sich dementsprechend als „Grey-Box-Modelle“ zwischen den „White-Box-Modellen“ und den „Black-Box-Modellen“ einordnen. Sie können effektiv eingesetzt werden, wenn für häufig wiederkehrende Schaltungsklassen parametrisierbare Templates erstellt werden. Unter anderem eignen sie sich für die schnelle Variantensimulation bei der Optimierung und Dimensionierung.

Beispiel: Operationsverstärker

Die Aufgabe besteht darin, für die betrachtete Klasse pinkompatibler Schaltungen ein allgemeines Modelltemplate zu erstellen. Es soll die prinzipiellen Zusammenhänge der betrachteten Schaltung als analytische Gleichungsbeschreibung enthalten. In diesen Gleichungen müssen freie Parameter verbleiben, die eine Anpassung des Modells an eine konkrete Schaltungsrealisierung erlauben. Im Allgemeinen sind die freien Parameter der analytischen Gleichungen nicht mit den Modellparametern, die nach außen hin sichtbar sind, identisch. Es ist demzufolge ein Abschnitt in der Initialisierung des Modells erforderlich, der äußere in innere Parameter umrechnet.

Die Modellparameter werden mittels Charakterisierung einer Schaltungsrealisierung ermittelt. Dazu müssen folgende Voraussetzungen erfüllt sein:

- Erstellung von Testbenches, mit denen die charakteristischen Größen der Schaltung automatisiert ermittelt werden
- Vorbereitung von Extraktionsskripten, mit denen die charakteristischen Werte aus der aufgenommenen Waveform extrahiert werden können

Das Modelltemplate zusammen mit einem Parametersatz bildet dann ein Modell. Es ist günstig, wenn ein parametrisierbares Verhaltensmodell modular aus Teilblöcken aufgebaut werden kann. Das ist möglich, wenn entkoppelbare Effekte vorliegen, wie beispielsweise das Ein- und Ausgangsverhalten, welches sich häufig recht gut vom Übertragungsverhalten entkoppeln lässt. Auch die Unterteilung nach Teilblöcken für das Zeitverhalten im Großsignalbereich gegenüber dem Frequenzverhalten im Kleinsignalbereich ist im Allgemeinen sinnvoll. Das Konzept eines modularen Aufbaus hat auch den Vorteil, dass verschiedene Beschreibungen eines Moduls möglich sind, um die Flexibilität des Modells sicherzustellen. Der Austausch einer Beschreibung gegen eine andere für ein Modul ermöglicht eine Anpassung des Modells an das gewünschte Verhältnis von Genauigkeit zu Geschwindigkeit. So ist es für einfache Anwendungen ausreichend, das Sättigungsverhalten eines Operationsverstärkers mit einer stückweise linearen Kennlinie nachzubilden. Für genauere Untersuchungen kann diese beispielsweise durch eine Tanh-Kennlinie ersetzt werden.

Abbildung 3.14 zeigt beispielhaft eine Operationsverstärkerschaltung [44]. Durch Charakterisierung wurden die tabellarisch aufgeführten typischen Kenngrößen für diese Schaltung ermittelt. Mit diesen Werten wird das als Blockdiagramm dargestellte Verhaltensmodell parametrisiert. Ein mögliches Werkzeug für Charakterisierung und Parametrisierung wird in Abschnitt 3.6 vorgestellt.

3.3.4 Auswahl eines geeigneten Modellierungsverfahrens

Für ein gegebenes Modellierungsproblem stehen eine Reihe von Modellierungsverfahren und Modellansätzen zur Verfügung. In den vorangegangenen Abschnitten wurden die symbolische und die numerische Modellierung sowie die Modellierung mit Hilfe von parametrisierbaren Verhaltensmodellen vorgestellt. Damit entsteht die Frage, welches Verfahren am besten an ein gegebenes Problem angepasst ist. Eine generelle Antwort auf diese Frage ist kaum möglich. Es können lediglich Empfehlungen nach dem aktuellen Stand der Technik in Abhängigkeit von der Komplexität gegeben werden.

Als sehr genau kann das Verfahren der symbolischen Approximation eingeschätzt werden. Als Ausgangspunkt dienen hier die Gleichungen der verwendeten Elemente. Für eine größere Anzahl Transistoren wird das entstehende Gleichungssystem jedoch schnell unhandlich. Die durchgeführten Untersuchungen an einer Schaltung mit 7 MOS-Transistoren (MOS-Level 1) zeigten bereits die Grenzen des Verfahrens auf [82]. Eine Schaltung mit mehr als 100 Transistoren wird auf diese Art und Weise nicht mehr analysiert und modelliert werden können. Ansätze zur Lösung des Komplexitätsproblems liegen in der Vereinfachung der Transistormodelle. Nicht für jede Untersuchung ist ein komplettes BSIM-Modell mit teilweise mehreren hundert Gleichungen erforderlich. Dazu ist allerdings eine weitreichende Kenntnis der Modellgleichungen und der damit nachgebildeten Effekte notwendig. Automatische Vereinfachungen können bestenfalls bestimmte Kennlinienbereiche ausschließen, wenn diese in der fraglichen Schaltung nicht erreicht werden, beispielsweise wenn ein Transistor ausschließlich in Sättigung betrieben wird.

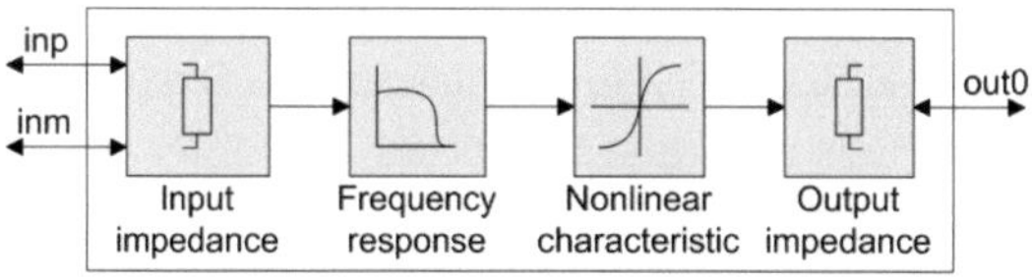

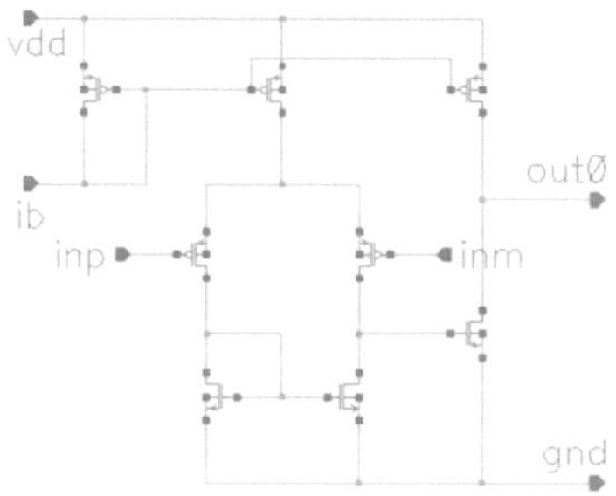

Parameter	***Unit***	***OpAmp***
Gain	dB	88
F_3dB	MHz	0.2
R_out	Ohm	2.4k
Offset voltage	V	726u
CMRR	dB	89
PSRR	dB	73

Abbildung 3.14: Charakterisierung eines Operationsverstärkers

Für die Modellierung sehr großer Schaltungen sind dagegen eher Tabellenmodelle geeignet. Die Gruppe der Fast-SPICE-Simulatoren verwendet intern Tabellen für die Bauelementemodelle und ermöglicht dadurch die Simulation kompletter integrierter Schaltungen mit mehreren tausend Transistoren. Demzufolge liegt es nahe, für ganze Blöcke einer Schaltung – unabhängig von der Größe – Tabellenmodelle einzusetzen. Wenn dabei viele Abhängigkeiten zu berücksichtigen sind, entstehen jedoch schnell hochdimensionale Tabellen, deren Auswertung beim Modellaufruf durch Interpolation zwischen den Stützstellen oder durch Berechnung einer Approximationsfunktion ebenfalls sehr rechenintensiv sein kann. Für die Modellierung von Hochfrequenz-Frontends wird seit Jahren auf dem Gebiet der Generierung von Tabellenmodellen geforscht [44].

Einen Kompromiss stellen die parametrisierbaren Verhaltensmodelle dar. Diese verwenden Wissen über den internen Aufbau eines Blocks, allerdings auf der Ebene der Beschreibungsgleichungen des gesamten Blocks. Im Einzelfall kann das System der Beschreibungsgleichungen das Ergebnis einer symbolischen Approximation sein. Häufig werden aber die Gleichungen von Hand aufgestellt und damit die wichtigen Zusammenhänge von den zu vernachlässigenden Eigenschaften getrennt. Dieser Prozess der Modellerstellung setzt sehr gutes Wissen in Schaltungstechnik und Modellierung voraus und kann normalerweise nicht dem Designer überlassen werden. Erfreulicherweise entstammt jedoch ein Großteil der verwendeten Schaltungen in der Analogtechnik einer überschaubaren Anzahl von Schaltungsklassen. Für solche typischen Schaltungsklassen können parametrisierbare Verhaltensmodelle vorbereitet werden. Durch Parameter werden die Modelle dann an eine konkrete Schaltungsrealisierung aus dieser Klasse angepasst. Dadurch wird Genauigkeit mit Flexibilität bei der Modellbildung vereint.

3.4 Modellverifikation/-validation

In der Entwurfsmethodik folgt der Implementierungsphase als nächster Schritt im V-Diagramm auf der rechten Seite die **Verifikationsphase** (siehe Abbildung 2.2). Darunter wird das Bottom-up orientierte schrittweise Zusammensetzen der Teilsysteme zum Gesamtsystem verstanden. In umgekehrter Richtung werden aus Schaltungen Blöcke und Teilsysteme zusammengesetzt. Auf jeder Ebene lässt sich die Einhaltung der Spezifikation genauer überprüfen, da parasitäre Effekte aus der Schaltungsebene (und Layoutebene) extrahiert werden können (Backannotation) und exakteres Wissen über Abhängigkeiten zwischen den Blöcken vorliegt.

Der zunehmenden Verfeinerung im Entwurf muss allerdings bei der Verifikation eine zunehmende Abstraktion gegenüberstehen. Die sehr genauen Schaltungsmodelle sind zu langsam, um damit eine Verifikation großer Blöcke oder Systeme vornehmen zu können. Eine Lösung des Problems besteht darin, die Systemmodelle aus dem Top-down-Entwurf zu verwenden und um zusätzliche Informationen aus der Schaltungsebene zu ergänzen. Diese Modellverfeinerung kann sich auf exaktere Parameter, extrahierte Kennlinien oder zusätzlich zu berücksichtigende Abhängigkeiten im Modell beziehen. Die zusätzliche Berücksichtigung technologisch bedingter Effekte in der Bottom-up-Verifikation lässt genauere Aussagen über die Einhaltung der Spezifikation zu. Darauf wird in Kapitel 4 eingegangen. Ergibt sich aus der Verifikation eine Verletzung von Spezifikationsvorgaben, so sind Änderungen im Entwurf vorzunehmen.

Der Entwurf auf den einzelnen Hierarchie-Ebenen untergliedert sich jeweils in die folgenden Teilschritte:

- Auswahl einer Blockstruktur / Topologie

- Dimensionierung der Blöcke / Elementare
- Überprüfung der Einhaltung der Spezifikationsvorgaben für diese Ebene
- Gegebenenfalls Korrektur von Dimensionierung bzw. Struktur

Dieses iterative Vorgehen findet unabhängig von der Abstraktionsebene immer wieder statt. Daraus ergibt sich, dass innerhalb der einzelnen Entwurfsschritte bereits Bewertungs- und Charakterisierungsaufgaben anfallen, für die Modellierungsmethoden bereitgestellt werden müssen.

Neben dem Einsatz von Modellierungsverfahren bei einzelnen Entwurfsschritten kommt der Modellierung eine wichtige Rolle bei der Entwicklung einer ebenenübergreifenden Methodik zu. Auf höheren Abstraktionsebenen (System-Level) ist der Entwurf von der Modellierung kaum zu unterscheiden. Die Erstellung einer ausführbaren Spezifikation als Ausgangspunkt für die weiteren Entwurfsschritte ist bereits ein erster Modellierungsschritt. Es ist jedoch auch für niedrige Abstraktionsebenen sinnvoll, den Modellierungsflow stets eng an den Designflow zu koppeln, damit auf allen Ebenen Modelle zur Verfügung stehen. Deren Vorteile machen sich bemerkbar, wenn schnell verschiedene Entwurfsalternativen zu untersuchen sind oder die Einhaltung der Spezifikation für ein größeres System getestet werden soll.

Entsprechend der Äquivalenz zwischen Entwurfsmethodik und Modellierungsmethodik müssen auch die Modelle selbst gegenüber den in der Modelldefinition genannten Zielen verifiziert werden. Dabei steht die Frage im Vordergrund, ob das gewünschte Modellverhalten innerhalb der spezifizierten Modellgrenzen mit der geforderten Modellierungsgenauigkeit erreicht wird. Ist dies nicht der Fall, sind Verbesserung im Modell notwendig. Diese können sich sowohl auf eine genauere Implementierung des Modells beziehen wie auch einen neuen Modellansatz erforderlich machen. Insofern wird aus dem zunächst linearen Modellierungsablauf in Abbildung 3.1 durch die Schleifen zur Modellverbesserung schnell ein iterativer Ablauf.

3.5 Modelldokumentation

Die Modelldokumentation wird häufig überwiegend textueller Natur sein. Wichtig für die Nachvollziehbarkeit des implementierten Modells ist es, mindestens die folgenden Elemente in der Dokumentation abzulegen:

- die Modellgleichungen (unabhängig von einer Hardwarebeschreibungssprache)
- die Schnittstelle zum Ansprechen des Modells von außen sowie
- die Grenzen des modellierten Bereichs

Tabelle 3.4 stellt beispielhaft eine strukturierte Modelldokumentation dar. Ähnliche Zusammenstellungen werden in [151] für Mechanik-Elemente gezeigt.

Viele Textprozessoren (TeX, Word, FrameMaker, HTML, ...) bieten die Möglichkeit durch Templates oder Style-Sheets die Dokumentstruktur vorher festzulegen. Dadurch kann die Dokumentation vereinheitlicht und das Auffinden von Informationen erleichtert werden. Eine sauber strukturierte Dokumentation eignet sich auch für die Ablage in Datenbanken. Darin können bereits vorhandene Modelle sehr leicht über Schlagwörter wiedergefunden werden. Ansätze für die Vereinheitlichung von Dokumentationsformaten dienen der strukturierten Ablage von Modellen und erleichtern deren Nachnutzung [66].

3.6 Entwicklung eines Werkzeugs zur Modellierungsunterstützung

Für die Implementierung von erforschten Modellierungsmethoden wurde prototypisch ein Werkzeug entwickelt. Es dient dazu, die Automatisierung verschiedener Modellierungsaufgaben aufzuzeigen und an Schaltungsbeispielen zu demonstrieren.

3.6.1 Ansatz

Das erstellte Werkzeug unterstützt die Modellierung bei den Aufgaben Charakterisierung und Modellgenerierung:

<table>
<tr><td colspan="3">Modellname</td></tr>
<tr><td colspan="3">Kurzbeschreibung</td></tr>
<tr><td rowspan="6">Beschreibung</td><td colspan="2">Funktion</td></tr>
<tr><td colspan="2">Quellenangaben</td></tr>
<tr><td rowspan="2">Modellschnittstelle</td><td>Modellpins</td></tr>
<tr><td>Modellparameter</td></tr>
<tr><td colspan="2">Modellgleichungen</td></tr>
<tr><td colspan="2">Modellgrenzen</td></tr>
<tr><td rowspan="3">Implementierung</td><td colspan="2">kommentierte Netzliste</td></tr>
<tr><td colspan="2">benötigte Bibliotheken</td></tr>
<tr><td colspan="2">Versionshinweise</td></tr>
<tr><td rowspan="4">Schaltungsbeispiel</td><td colspan="2">Schematic der Testbench</td></tr>
<tr><td colspan="2">Netzliste der Testbench</td></tr>
<tr><td colspan="2">Simulatorkommandos</td></tr>
<tr><td colspan="2">Simulationsergebnisse</td></tr>
</table>

Tabelle 3.4: Beispiel einer strukturierten Modelldokumentation

- Charakterisierung von Schaltungseigenschaften über die skriptbasierte Steuerung der Simulation von Testbenches
  - Simulation des Design under Test (DUT) in der Testbench mit Erzeugung des interessierenden Signalverlaufs
  - Extraktion der charakteristischen Kennwerte aus den Signalverläufen mittels Postprocessing
- Modellgenerierung unter Verwendung von Modelltemplates, die das wesentliche Verhalten der Schaltung wiedergeben

Von vielen kommerziellen Anbietern werden für Charakterisierung und Modellgenerierung separate Tools entwickelt. Daher wurde diese Trennung bei der Konzeption der Plattform und der Gestaltung der Schnittstellen berücksichtigt. Generell war es nicht Aufgabe, Simulations- oder Postprocessing-Funktionen zu implementieren, sondern vorhandene Funktionen und Werkzeuge zu nutzen und geeignet in einem Framework anzubinden. Dadurch ergab sich als wichtige Anforderung die Offenheit der Software. Es sollte eine Modellierungsplattform entstehen, die folgende Bedingungen erfüllt:

- es können verschiedene Tools unterschiedlicher Hersteller angebunden werden
- es lassen sich weitere Modellierungsmethoden integrieren

- es werden verschiedene Hardwarebeschreibungs- und Hochsprachen unterstützt
- die Software läuft auf unterschiedlichen Plattformen

Daneben waren weitere Funktionen gefordert, die der Nutzbarkeit des Programms für den Anwender dienen. Diese umfassen eine Visualisierung der Simulationsergebnisse, da für die Erhebung charakteristischer Messwerte aus Simulationsverläufen eine Sichtprüfung auf Sinnfälligkeit nützlich sein kann. Ebenso ist ein Vergleich von Schaltung und erstelltem Modell in derselben Testbench hilfreich. Zur Nutzbarkeit gehören auch die einfache Verwaltung von Schaltungen, Modellen und Testbenches für verschiedene Betriebsmodi/Analysearten inklusive der benötigten Skripte.

3.6.2 Realisierung

Aus der Definition der Anforderungen entstand die Struktur des Software-Prototyps CHAMELEON (CHaracterization And ModELing EnvirONment), wie sie in Bild 3.15 dargestellt ist.

Kernstück der CHAMELEON-Plattform ist die skriptbasierte Simulatorsteuerung [134]. Es werden Schaltungen und dazugehörige Modelltemplates eingelesen. Diese parametrisierbaren Verhaltensmodelle wurden vorab auf Grundlage des Wissens über die Schaltung in einer Hardwarebeschreibungssprache kodiert oder durch SPICE-Ersatzschaltelemente erstellt.

Mit dem Framework werden die verschiedenen Testbenches, die zu einer Schaltungsklasse gehören, sowie die entsprechenden Skripte zur Extraktion der charakteristischen Größen aus den gewonnenen Simulationsdaten verwaltet.

Im Ergebnis wird das Modelltemplate mit den extrahierten Werten parametrisiert und als Modell herausgeschrieben. Derzeit erfolgt die Modellgenerierung in VHDL-AMS. Eine Erweiterung um andere Modellierungssprachen kann problemlos ergänzt werden.

Bild 3.16 zeigt die Oberfläche des Werkzeugs CHAMELEON. Es ist die Messung der Ausgangsimpedanz eines Operationsverstärkers dargestellt. Nach der Messung und Visualisierung des frequenzabhängigen Ausgangsstromes der Schaltung werden die ermittelten Werte für R_{out} und C_{out} als Parameter an das Modell übergeben.

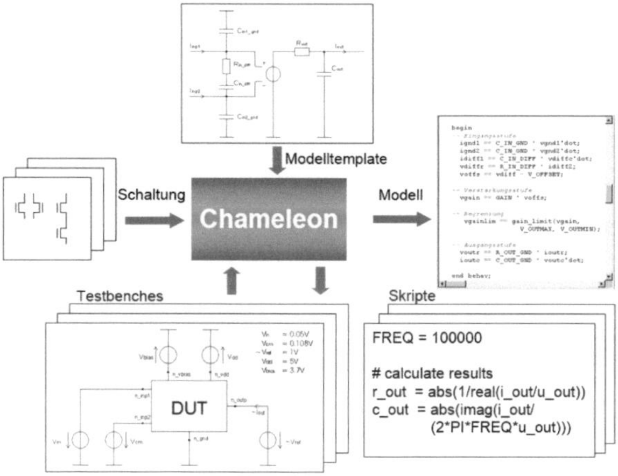

Abbildung 3.15: Konzept der Plattform zur Charakterisierung und Modellgenerierung

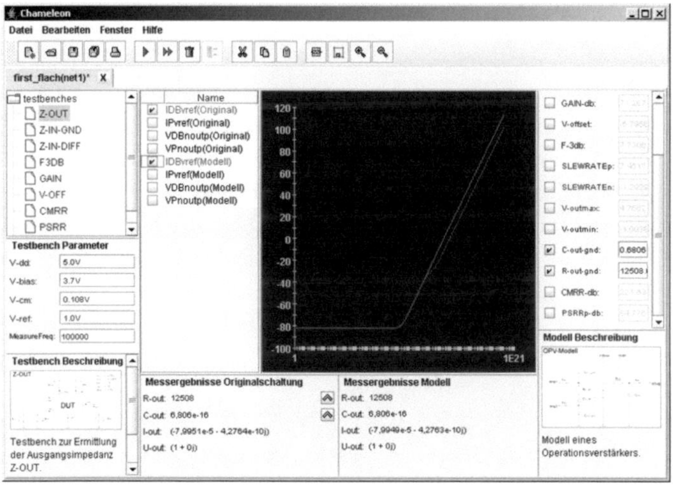

Abbildung 3.16: Nutzeroberfläche des Werkzeugs CHAMELEON

Eine Kontrollsimulation einschließlich Visualisierung zeigt Übereinstimmung für die erste Eckfrequenz. Pole und Nullstellen höherer Ordnung werden in diesem einfachen Modell nicht abgebildet.

Mit Hilfe der Menüs können die Testbenches des Operationsverstärkers verändert, erweitert und organisiert sowie für weitere Schaltungsklassen Testbenches, Extraktionsskripte und Modelltemplates hinzugefügt werden.

Am Beispiel des Operationsverstärkers wurden erste Testbenches, Skripte und Modelle implementiert. Neben grundlegenden Eigenschaften von Operationsverstärkern wie Verstärkung mit oberen und unteren Grenzen, Eingangs- und Ausgangsimpedanz und Tiefpass-Verhalten wurden auch komplexere Effekte, wie Gleichtaktunterdrückung (*Common mode rejection ratio - CMRR*) und Betriebsspannungsunterdrückung (*Power supply rejection ratio - PSRR*) charakterisiert und modelliert. Die Arbeit [134] enthält eine ausführliche Dokumentation des entwickelten Werkzeugs.

Neben der Parametrisierung von Modelltemplates sind weitere Untersuchungen mit der Charakterisierungs- und Modellierungsplattform CHAMELEON vorgenommen worden. Dazu gehört die Extraktion von Tabellendaten für komplexe und mehrdimensionale Abhängigkeiten sowie die Generierung entsprechender Table-Look-up-Modelle.

Die Modellierung auf Systemebene verwendet zur Beschreibung häufig Hochsprachen, wie SystemC bzw. die Mixed-Signal-Erweiterung SystemC-AMS. Eine zukünftige Erweiterungsmöglichkeit von CHAMELEON besteht darin, Modelle in SystemC(-AMS) zu generieren. Als ein längerfristiges Forschungsziel lässt sich daraus ableiten, eine Modellierungssprachen-unabhängige Modellrepräsentation zu finden. Aus dieser verallgemeinerten Modelldarstellung heraus kann dann in eine beliebige Beschreibungssprache hinein generiert werden.

4 Zuverlässigkeitsmodellierung und deren Nutzung im Entwurf

Die in Kapitel 3 dargestellte Methodik umfasst die Modellierung des funktionalen Verhaltens einer Schaltung. Damit kann im Entwurf oder in der Verifikation eine Schaltung gegen ihr Modell ausgetauscht werden. Die Funktion bleibt dabei - innerhalb der vorgegebenen Genauigkeit - unverändert.

Es zeigt sich jedoch, dass diese funktionale Modellierung in vielen Fällen nicht ausreichend ist. Neben der vorgesehenen Funktion findet man im Verhalten einer Schaltung auch viele nichtfunktionale Eigenschaften, auch als Effekte höherer Ordnung bezeichnet. Darunter versteht man zusätzliche Zusammenhänge, die das Verhalten einer Schaltung beeinflussen, wie beispielsweise deren Temperaturabhängigkeit. Wie bereits in Kapitel 2 erwähnt, gehören dazu sowohl parasitäre Verkopplungen als auch parametrische Schwankungen. Solche Eigenschaften rühren aus den physikalischen Eigenschaften der verwendeten Materialien oder den technologischen Zusammenhängen des Herstellungsprozesses her. In aktuellen und zukünftigen Prozess-Technologien, die immer weiter an die physikalischen Grenzen gehen, ist eine Zunahme des Einflusses solcher technologisch bedingten, parasitären Effekte auf das funktionale Verhalten zu beobachten.

Daraus ergibt sich die Notwendigkeit, die funktionalen Modelle um die Beschreibung nichtidealer Effekte zu erweitern. Das bedeutet, die vorhandenen Modellgleichungen müssen durch zusätzliche Zusammenhänge und Abhängigkeiten ergänzt werden. Aus Modellsicht handelt es sich lediglich um weitere Beschreibungsgleichungen für die erweiterten Abhängigkeiten. Somit können die in Kapitel 3 dargestellten Verfahren zur Modellbildung grundsätzlich weiterhin genutzt werden. An einigen Stellen sind Erweiterungen nötig, wenn neue physikalische Größen, wie beispielsweise die Temperatur, zu berücksichtigen sind, verschiedene Zeitskalen eine Rolle spielen, wie bei der Alterung, oder neue Analysemethoden erforderlich sind, wie bei der statistischen Modellierung.

Vor der Betrachtung zuverlässigkeitsrelevanter Faktoren werden zunächst wichtige Begriffe definiert, die in diesem Zusammenhang eine Rolle spielen. Dazu gehören insbesondere die Zuverlässigkeit und die Robustheit.

4.1 Einführung der Zuverlässigkeitsgrößen

Definitionen

Die **Zuverlässigkeit** ist eine Größe, die nicht unmittelbar messbar ist. Sie kann qualitativ über Fehlerauswirkungen und quantitativ über Fehlerraten bzw. die Überlebenswahrscheinlichkeit beschrieben werden [11]. Sie unterliegt sowohl deterministischen als auch stochastischen Prozessen und kann entweder empirisch, durch die Ermittlung der Ausfallhäufigkeit, oder analytisch, abgeleitet aus den Zuverlässigkeitswerten der Teilsysteme, ermittelt werden.

Die entsprechende DIN-Norm 40041 definiert [35]:

> „Zuverlässigkeit ist die Beschaffenheit einer Einheit bezüglich ihrer Eignung, während oder nach vorgegebenen Zeitspannen bei vorgegebenen Anwendungsbedingungen die Zuverlässigkeitsforderung zu erfüllen."

Entsprechende Definitionen gibt es auch in englischsprachigen Normen für *Reliability* [74]

> „Reliability of an item is the ability to perform as required, without failure, for a given time interval, under given conditions" (IEV reference 192-01-24)

Häufig wird die Zuverlässigkeit auch allgemeiner in der Abkürzung RAMS gefasst (*Reliability, Availability, Maintainability, Safety* [15]).

Mathematisch wird zunächst die zeitabhängige Ausfallrate $\lambda(t)$ definiert als die Änderung der Anzahl funktionierender Einheiten pro Zeiteinheit bezogen auf die noch intakten Einheiten.

$$\lambda(t) = -\frac{N(t+\Delta t) - N(t)}{N(t)\Delta t} \tag{4.1}$$

$$= -\frac{\dot{N(t)}}{N(t)} \tag{4.2}$$

Als Zuverlässigkeit $R(t)$ wird dann die Anzahl der noch intakten Einheiten $N(t)$ über der Zeit, also die Lösung der Differentialgleichung 4.2, verstanden.

$$R(t) = N(t) = e^{-\int_0^t \lambda(\tau)\mathrm{d}\tau} \tag{4.3}$$

Andererseits lässt sich die Zuverlässigkeit $R(t)$ auch als statistische Wahrscheinlichkeit für das Überleben einer Komponente und damit als Komplement zur Ausfallwahrscheinlichkeit $F(t)$ beschreiben.

$$R(t) = 1 - F(t) \tag{4.4}$$

Auf den Zusammenhang zwischen beiden Sichten wird später eingegangen.

Die Zuverlässigkeit wird demnach immer in Zusammenhang mit einer zeitlichen Komponente gesehen. Das kann sowohl die Lebensdauer als auch die Anzahl an Lastwechseln oder Belastungszyklen sein. Demgegenüber bezeichnet **Robustheit** (lat. robustus, von robur Hart-, Eichenholz) die Fähigkeit eines Systems, Veränderungen ohne Anpassung seiner anfänglich stabilen Struktur standzuhalten [168]. Hier steht also die stabile Arbeitsweise trotz des Auftretens unerwarteter Bedingungen im Vordergrund.

Betrachtungsbereich

Generell haben in der Elektronik eine Vielzahl von Effekten Einfluss auf die Robustheit und Zuverlässigkeit einer Schaltung. Dazu gehören:

- Fertigungsbedingte Einflüsse
  - Prozessvariationen
  - Produktionsfehler

- Betriebsbedingte Stress-Effekte
  - Elektrischer Stress
  - Thermischer Stress
  - Mechanischer Stress

Weiteren Stress können Faktoren wie Feuchte oder chemische Substanzen auf die Elektronik ausüben [55]. In jedem Falle können sowohl die statische Einwirkung einer Last wie auch der Lastwechsel (z.B. Temperaturschock) vorrangig für die Degradation verantwortlich sein.

Die vorliegende Arbeit konzentriert sich hauptsächlich auf Effekte, die mit **elektrischem Stress** zusammenhängen. Elektrischer Stress kann sowohl zu akuten Ausfällen, wie zum Beispiel durch *Electrostatic Discharge* (ESD), als auch zu einer graduellen Drift von Eigenschaften über der Lebensdauer (Degradation) führen. Somit sind Robustheit und Zuverlässigkeit potentiell beeinträchtigt. Auf Prozess-Variationen und thermische Stress-Effekte wird in Abschnitt 4.9.2 kurz eingegangen.

4.2 Motivation für Zuverlässigkeitsmodellierung

Seit über hundert Jahren werden Zuverlässigkeitsbetrachtungen durchgeführt. Historisch begannen die Untersuchungen mit der Belastbarkeit von mechanischen Bauteilen. Noch heute wird dieses Thema in der Betriebsfestigkeitslehre behandelt. Mit dem Beginn der Entwicklung integrierter Elektronik-Bauelemente kamen auch in diesem Bereich die Themen Fertigungsausbeute und Robustheit gegenüber Betriebsbedingungen auf. Die Degradation über der Lebensdauer wurde dagegen erst in den letzten Jahren zunehmend aktuell. Ursache dafür sind die ständige Verkleinerung der integrierten Strukturen bis an physikalische Grenzen und die Verwendung sehr vieler verschiedener Werkstoffe und Prozess-Schritte.

Bei der Entwicklung einer Halbleitertechnologie sind eine hohe Ausbeute an Bauelementen sowie deren zuverlässige Funktion unter allen spezifizierten Betriebsbedingungen über eine vorgegebene Lebensdauer sicherzustellen. Insofern sind Zuverlässigkeitsbetrachtungen schon immer Teil der Technologieentwicklung und werden vom Qualitätsmanagement der Halbleiterfertigung überwacht. Dazu werden spezielle Teststrukturen entworfen, mit definiertem Stress beaufschlagt und anschließend hinsichtlich ihrer Eigenschaften charakterisiert.

Um die Einhaltung einer geplanten Lebensdauer von mehreren Jahren zu verifizieren, ist dieses Vorgehen jedoch nur bedingt geeignet. Es ist erforderlich, den Ausfallmechanismus deutlich zu beschleunigen, damit die Ausfallgrenze unter Laborbedingungen erreicht wird. Dazu wurden auf den jeweiligen Degradationseffekt angepasste beschleunigte Lebensdauertests entwickelt. Durch erhöhten Stress in einer Betriebsbedingung, sogenannten Überstress, wird der Degradationsmechanismus beschleunigt, was zu schnellerem Erreichen der Lebensdauergrenze führt. Es werden sozusagen Länge und Menge des Stresses gegeneinander ausgetauscht: statt mit wenig Stress über eine lange Zeit wird mit viel Stress in kurzer Zeit der Ausfall provoziert. Diese Überlegungen wurden bereits von August Wöhler Ende des 19. Jahrhunderts für mechanischen Verschleiß angestellt.

Als eine wichtige Voraussetzung für das Vorgehen ist der gleiche Ausfallmechanismus trotz Überstress zu bewahren. Es dürfen nicht durch den Betrieb jenseits spezifizierter Grenzen neue Ausfallmechanismen hinzukommen, die den Beschleunigungseffekt verfälschen.

Für die Rückrechnung von erhöhtem Stress über einen kurzen Zeitraum auf normale Betriebsbedingungen über Zeiträume von mehreren Jahren ist ein **Degradationsmodell** erforderlich. Dieses beschreibt quantitativ den Zusammenhang zwischen dem anliegenden Stress (in Menge und Länge) und einer davon beeinflussten Eigenschaft, die die Lebensdauer begrenzt. Gleichung 2.2 zeigte bereits die grundsätzliche Struktur eines solchen Modells.

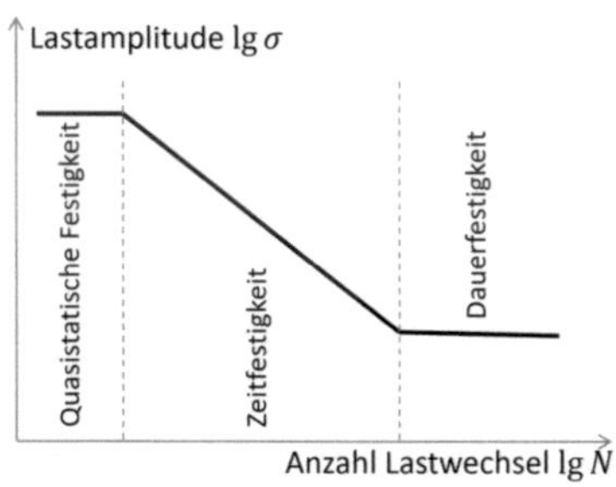

Abbildung 4.1: Qualitative Darstellung der Wöhlerlinie [11]

Solche Alterungsmodelle sind also ein übliches Werkzeug in der Halbleiterfertigung. Sie werden dort eingesetzt zur

- Überwachung/Verbesserung der Technologie
- Ermittlung der realen Lebensdauer aus beschleunigten Lebensdauertests

Ein enorm großes Potential eröffnet sich, wenn man diese ohnehin bereits vorhandenen Modelle weiterentwickelt, so dass **simulationsfähige Degradationsmodelle** entstehen. Für die Nutzung von Zuverlässigkeitsinformationen auf anderen Ebenen im Entwurfsprozess ergeben sich dadurch interessante Perspektiven:

- Viele Degradationseffekte können durch technologische Maßnahmen in ihren Auswirkungen minimiert werden. Das Wissen über technologisch nicht zu verhindernde Wirkungen kann in Form von simulierbaren Alterungsmodellen an den Entwerfer weitergegeben werden.
- Dadurch lassen sich degradationsbedingte Auswirkungen unter Einbeziehung des tatsächlichen Alterungsverhaltens bei der Verifikation und Optimierung des Entwurfs berücksichtigen.
- Darüber hinaus können sogar die tatsächlichen Einsatzbedingungen der Bauelemente in die Analyse einbezogen werden. Dies ermöglicht anwendungsspezifische Optimierungen eines Entwurfs.
- Dadurch werden unnötige Sicherheitsreserven vermieden und die Möglichkeiten zur Bauelementeverkleinerung in neuen Technologien tatsächlich ausgenutzt.
- Bei Entwürfen am Rande der technologischen Grenzen kann das Risiko einer Überschreitung realistischer abgeschätzt werden.

Die Nutzung von Degradationsmodellen in der Simulation bedeutet eine grundsätzlich neue Anforderung. Sie ist bereits bei der Aufnahme von Eingangsdaten und bei der eigentlichen Modellerstellung zu berücksichtigen. Dabei geht es um die Möglichkeit, zeitvariablen Stress zu verarbeiten, wie weiter unten in Abschnitt 4.5 gezeigt wird.

In erster Linie verlangt die Erweiterung von Nutzungsmöglichkeiten für die Degradationsmodelle aber zunächst einmal die Bereitschaft, Informationen zum

Alterungsverhalten firmen- und ebenenübergreifend weiterzugeben. Im Einzelnen sind dazu erforderlich:

- Foundries, die Zuverlässigkeitsdaten charakterisieren und in nutzbarer Form ablegen,
- EDA-Werkzeuge, die entsprechende Analysen unter Nutzung der Daten anbieten,
- Entwerfer, die diese Daten in den Entwurf einbeziehen,
- Schnittstellen, Standards für Ablage, Austausch solcher Daten.

Eine solche Arbeitsweise ist heute nicht üblich und auch nicht ohne weiteres möglich. Das Ziel zukünftiger Arbeiten auf diesem Gebiet ist die Schaffung entsprechender Schnittstellen sowie die Überzeugung der beteiligten Seiten zur Bereitstellung von Informationen und zu deren Nutzung im Entwurfsprozess. Überzeugend werden die Argumente dann sein, wenn es gelingt, zu oben genannten Perspektiven einen nutzbaren Zeit- oder Kostenvorteil zu demonstrieren.

Um die Zuverlässigkeit eines Systems bei dessen Konstruktion sicherzustellen, gibt es grundsätzlich zwei Vorgehensweisen. Bei der ersten Herangehensweise geht es um die **Vermeidung von Fehlern** in sämtlichen Systemteilen. Es werden geeignete Entwurfsmaßnahmen ergriffen, die eine ausreichende Zuverlässigkeit bereits per Konstruktion sicherstellen. Dafür müssen die Degradationseffekte bekannt sein, die die Zuverlässigkeit beeinträchtigen, und deren Auswirkungen auf das Systemverhalten und auf den Systemausfall. Außerdem ist der Zusammenhang zwischen den Einsatzbedingungen des Systems und dessen Degradation wichtig. Unter diesen Voraussetzungen können potentielle Ausfallrisiken bereits in der Entwurfsphase abgeschätzt und in die Verifikation des Gesamtsystems einschließlich seiner Umgebungsbedingungen einbezogen werden.

Der andere Ansatz geht von einer **Akzeptanz von Fehlern** in den Teilsystemen aus. Um dennoch die Zuverlässigkeit des Gesamtsystems sicherzustellen, müssen Maßnahmen zur Erkennung von Fehlern und zum Ersatz der defekten durch funktionstüchtige Teile getroffen werden. Dazu sind redundante Komponenten vorzusehen, die im Bedarfsfall eingesetzt werden können. Für sehr sicherheitskritische Systeme wird eine solche Redundanz üblicherweise eingesetzt. Sie ist auf verschiedenen Ebenen anwendbar, für sehr kleine Einheiten (z.B. Einzelbauelemente) allerdings unpraktikabel aufgrund der zusätzlich nötigen Monitorstrukturen zur Erkennung des Fehlverhaltens.

Keine der beiden dargestellten Ansätze ist per se richtig oder falsch. Dem erhöhten Platz- und damit Kostenaufwand durch die eingebaute Redundanz im zweiten Ansatz stehen höhere Entwicklungskosten für die erste Herangehensweise gegenüber. Natürlich wird es auch eine kombinierte Vorgehensweise geben, bei der man die Einzelteile flächenoptimiert und mit hoher Zuverlässigkeit auslegt, auf höheren Systemebenen aber dennoch Monitore und redundante Komponenten einsetzt, um weitere Fehler abzufangen, die beim Entwurf und der Verifikation des Systems noch nicht absehbar waren.

In der vorliegenden Arbeit geht es vorwiegend um die Betrachtung des ersten der beiden vorgestellten Ansätze. Es soll also unter Kenntnis der wesentlichen Degradationseffekte bereits im Entwurf eine Analyse von deren Auswirkungen ermöglicht und eine fehlerfreie Funktion der untersuchten Komponente bis zu einer vorgebbaren Lebensdauer sichergestellt werden.

Dazu ist die im Folgenden skizzierte Vorgehensweise notwendig:

- Verständnis der physikalischen Alterungsmechanismen
- Erstellung und Parametrisierung von Modellen
- Analyse der Auswirkungen mittels Simulation
- Extraktion von Entwurfsrandbedingungen
- Nutzung der gewonnenen Information zur Bestimmung der Systemzuverlässigkeit

Dementsprechend sind die folgenden Abschnitte gegliedert. Zunächst werden in Abschnitt 4.3 die wichtigsten Degradationseffekte für die Halbleiterelektronik kurz aufgeführt. Abschnitt 4.4 stellt zugehörige Modelle sowie Möglichkeiten zur Verallgemeinerung von Degradationsmodellen vor. Daran anschließend behandelt Abschnitt 4.5 Fragen, die bei der Simulation dieser Modelle auftreten. In Abschnitt 4.6 geht es dann um die Ableitung von Entwurfsvorgaben aus den erstellten Degradationsmodellen, damit die Informationen über das Alterungsverhalten für die Bauelemente einer Technologie bereits frühzeitig in den Entwurfs- und Dimensionierungsprozess einer elektronischen Schaltung integriert werden können.

Schließlich werden in Abschnitt 4.7 Methoden vorgestellt, wie mit den ermittelten Informationen zur Bauelementedegradation Abschätzungen zur Zuverlässigkeit ganzer Schaltungen und Systeme unter realistischer Last vorgenommen werden können.

4.3 Alterungsmechanismen in integrierten Bauelementen und Verbindungsleitungen

Nach dem Überblick über die gesamte Vorgehensweise geht es als erstes um die Vorstellung konkreter Alterungsmechanismen in integrierten Schaltungen. Grundsätzlich können eine ganze Reihe von physikalischen und chemischen Effekten graduelle oder plötzliche Abweichungen des Verhaltens elektronischer Bauelemente bewirken, die dann die Funktion der Schaltung oder des Systems beeinträchtigen:

- Hitze/Kälte
- Feuchte
- Mechanische Belastung/Vibration
- Strom/Spannung
- Chemische Substanzen
- Strahlung

Wie im vorangegangenen Abschnitt bereits eingeschränkt, befasst sich diese Arbeit nur mit Degradationseffekten auf der elektrischen Ebene. Auch hier werden nur die Effekte mit der größten Relevanz für das Ausfallverhalten betrachtet. Dabei spielen sowohl Bauelemente als auch metallische Verbindungen in modernen hochintegrierten Fertigungstechnologien eine Rolle. Im Folgenden werden die wichtigsten elektrischen Degradationseffekte erläutert.

4.3.1 Hot Carrier (Hot Hole) Injection

Der Hot-Carrier-Effekt tritt auf, wenn Ladungsträger (Elektronen oder Löcher) im Source-Drain-Kanal sehr hohe kinetische Energie durch ein elektrisches Feld erhalten. Dadurch können sie in die Lage versetzt werden, die Energieschwelle an der Si/SiO_2-Grenzfläche zu überwinden ($3.1eV$ für Elektronen, $4.8eV$ für Löcher). Auf diese Weise können sie in das Dielektrikum injiziert werden und Traps im Gate-Material erzeugen. Der Begriff „Hot Carrier“ bezieht sich nicht auf die Device-Temperatur sondern auf eine effektive Temperatur (Energie), die zur Modellierung der Ladungsträgerdichte verwendet wird. Die Hot-Carrier-Degradation und Modelle, um den Einfluss dieses Effekts auf Bauelemente-Eigenschaften zu beschreiben werden seit mittlerweile 30 Jahren in der Literatur diskutiert [72,161]. Der Hot-Carrier-Effekt erfordert das Anlegen einer Source-Drain-Spannung, was zu einem Source-Drain-Strom führt. Die Ladungsträger-Mobilität muss hoch genug sein, um eine sehr große mittlere freie Weglänge zu ermöglichen, wodurch genügend Feldenergie angesammelt wird und eine hohe Geschwindigkeit entsteht.

Es gibt verschiedene Arten von Hot-Carrier-Degradationsmechanismen, die zum HCI-Effekt beitragen. Allen gemeinsam sind die folgenden Charakteristiken

- die Schädigung tritt typischerweise am Drain-Ende des Kanals auf
- die Degradation hängt von der mittleren freien Weglänge der Träger ab,
- der Effekt ist weniger stark bei hohen Temperaturen
- HCI verstärkt sich mit Verringerung der Kanallänge ohne gleichzeitige Reduktion der Betriebsspannung

Oft wird die überschüssige Energie der „heißen“ Elektronen in Phononen umgewandelt. Daher geht der HCI-Effekt häufig mit einer Temperatur-Erhöhung in den betroffenen Halbleiter-Bauelementen einher.

Ein Mechanismus, der zu HCI führt, entsteht durch „heiße“ Ladungsträger im Kanal (channel hot carriers). Der Effekt tritt hauptsächlich in der Nähe von $V_{DS} \approx V_{GS}$ auf und ist durch Löcher charakterisiert, die in das Gate-Oxid injiziert werden und dort Traps erzeugen. Eine Erklärung für diesen Effekt ist das sogenannte „Lucky-Electron“-Modell, das besagt, dass einige „heiße“ Ladungsträger zufällig in Richtung des Gates abgelenkt werden. Wenn ihre Energie ausreicht, um die Si/SiO_2-Barriere zu überwinden, erzeugen sie Traps im Gate-Oxid. Verglichen mit Elektronen sind Löcher um Größenordnungen effizienter bei der Trap-Erzeugung und mit der Trapping-Rate. Daher sind Löcher der wesentliche Ladungsträger-

Typ bei den Channel hot carriers. Dieser Mechanismus ist daher eine unipolare Degradation, die eher nFET-Bauelemente betrifft.

Eine weitere Ursache für HCI sind sogenannte Drain-Avalanche hot carriers. Sie treten bei hohen elektrischen Feldern an der Drain-Seite auf ($V_{DS} > V_{GS}$). Der maximale Drain-Avalanche-Effekt wird bei etwa $V_{GS} = V_{DS}/2$ beobachtet. Der physikalische Effekt hinter diesem Effekt ist Impact-Ionization, die zu einer lawinenartigen Erzeugung von Elektron-Loch-Paaren führt, was wiederum zu Interface-Traps führt. Die Elektronen werden Richtung Gate und Drain beschleunigt, die Löcher Richtung Gate und Substrat. Dieser Mechanismus ist daher in Form zusätzlicher Gate- und Substratströme messbar.

Ein dritter HCI-Mechanismus entsteht durch „heiße" Ladungsträger im Substrat. Er entsteht durch einen hohen positiven oder negativen Substrat-Strom und kann selbst bei $V_{DS} = 0$ zum HCI-Effekt beitragen, wenn gleichzeitig $V_{GS} > 0$ gilt. Die Ursache für diesen Effekt sind Ladungsträger, die zur Si/SiO_2-Grenzfläche hin beschleunigt werden und sehr viel Energie an der Oberflächen-Verarmungsregion erhalten.

In Hochvolt-Bauelementen tritt neben Hot-Carrier Injection (HCI) gleichzeitig auch Hot-Hole-Injection (HHI) auf [120,122]. Beide Effekte wirken in verschiedene Richtungen, das heißt HHI sorgt bei geringen Stress-Spannungen für eine Verbesserung des $R_{DS,\text{on}}$, während es infolge HCI bei hohen Stressspannungen zu einer Verschlechterung des $R_{DS,\text{on}}$ kommt [144].

4.3.2 Negative / Positive Bias Temperature Instability

Über Negative Bias Temperature Instability (NBTI) wurde erstmals bereits im Jahr 1967 berichtet [30]. Erste Modellansätze gehen auf das Jahr 1977 zurück [88]. Dennoch sind die physikalischen Mechanismen dahinter bis heute nicht vollständig verstanden. Obwohl verschiedenste Modellansätze vorgeschlagen wurden, hat man sich bisher nicht auf ein umfassendes Modell verständigen können.

Im Gegensatz zu HCI verlangt NBTI keinen Drain-Source-Strom. NBTI-Stress tritt auf, wenn Source, Drain und das Substrat auf Masse liegen und eine negative Spannung am Gate anliegt. Daher wird NBTI normalerweise nur an pFET-Devices beobachtet. Der Effekt verstärkt sich bei höheren Temperaturen, was zum Begriff

„Temperature instability“ führte. Die Ursachen für NBTI-Degradation liegen in der Erzeugung von Ladungsträgern im Oxid oder am Interface zwischen Oxid und Halbleitermaterial bei hohen Temperaturen und hohen Gate-Spannungen. Folgen von NBTI sind eine erhöhte Schwellspannung sowie eine reduzierte Steigung im Subthreshold-Bereich. Für konventionelle MOS-Technologien mit SiO_2 als Gate-Material wird NBTI nur in pFET-Devices beobachtet. Die Verwendung von high-k-Materialen als Gate-Isolator bringt einen ähnlichen Effekt für nFET-Devices hervor, der analog als PBTI bezeichnet wird.

Eine spezifische Eigenschaft von NBTI ist eine teilweise Erholung der Devices von der Degradation. Es treten sowohl eine dynamische Degradation wie auch ein dynamischer Recovery-Prozess auf. Dies wird physikalisch durch Einfangen (Trapping) und Freigeben (Detrapping) von Ladungsträgern im Gate-Oxid erklärt. Messungen an sehr kleinen Devices haben gezeigt, dass sich die Zeitkonstanten für Einfangen und Freigeben in der Größenordnung von Mikrosekunden und darunter sind. Das bedeutet, dass – zumindest bei hohen Temperaturen – signifikanter Stress bereits während der Messung von Transferkurven erfolgt.

Andererseits existieren einige Oxid-/Grenzflächen-Zustände nur für so kurze Zeit, dass konventionelles Mess-Equipment mit einer typischen Verzögerung zwischen Stress und Messung im Millisekunden-Bereich nicht genügend zeitliche Auflösung bietet, um die vollständige Schwellspannungsverschiebung zu sehen. Die gemessene Degradation hängt demnach von der Umschaltgeschwindigkeit des Equipments ab, was die Vergleichbarkeit von Messungen erschwert.

Eine weitere Herausforderung ist die Asymmetrie zwischen Degradation und Recovery. Dies tritt auf, da die Menge an eingefangenen und freigegebenen Ladungen im gleichen Zeitintervall von Stress und Erholung nicht identisch ist. Dies ist eine wichtige Eigenschaft von NBTI, die beispielsweise vom weit verbreiteten Reaktions-Diffusions-Modell nicht wiedergegeben wird. Dieses Modell eignet sich nur zur Beschreibung der permanenten Degradation.

Zur Beschreibung der Recovery-Komponente wurde 2009 von Grasser ein Zwei-Zustands-Modell eingeführt [57]. 2010 wurde gezeigt [58, 140], dass die Defekte, die zu NBTI führen, spezifische Merkmale eines individuellen Devices sind und während des Betriebs weder entstehen noch verschwinden. Auf Grundlage dieser Beobachtung wurde ein Modellierungsansatz mit Hilfe einer Ersatzschaltung unter

Verwendung zweier Dioden und einer spektralen Wichtungstabelle vorgeschlagen [140].

Das Modell aus [57] wurde im folgenden Jahr erweitert [58] wobei die permanente Komponente mit dem Argument entfernt wurde, dass sich die permanente Schädigung im Wesentlichen auf TDDB zurückführen lässt. Der Modellierungsansatz unter Verwendung einer Ersatzschaltung sollte auch auf dieses Modell anwendbar sein [111].

PBTI ist das Analogon zu NBTI für nFET-Devices [119]. Es tritt dementsprechend auf, wenn Source, Drain und Bulk auf Masse liegen und eine positive Spannung am Gate des nFETs angelegt wird. Dieser Effekt wird erst in den letzten Jahren beobachtet, da er bei konventionellen Si/SiO_2-Technologien praktisch nicht auftritt. Nur in neueren Technologien mit high-k/metal gate Stack wird der Effekt beobachtet und hängt mit dem HfO_2-Dielektrikum zusammen.

Ähnlich dem NBTI führt PBTI zu veränderten Device-Eigenschaften wie einer niedrigeren Schaltgeschwindigkeit aufgrund der erhöhten Schwellspannung und entsprechend verringertem Drainstrom. Beim PBTI-Effekt werden existierende Fehlstellen (Traps) im Bulk-HfO_2 geladen bzw. entladen, indem Ladungsträger durch das SiO_2-Interface tunneln. Dabei sammeln sich negative Ladungen im Oxid an und erhöhen die Schwellspannung. Der physikalische Mechanismus hinter PBTI ist noch nicht vollständig verstanden. PBTI zeigt eine deutliche Erholung, wenn das Device in Akkumulation betrieben wird.

4.3.3 Gate Oxid Breakdown

Es gibt eine Reihe von Mechanismen, die im Gate-Oxid der aktiven Transistoren wirken und deren Zuverlässigkeit beeinträchtigen. Man spricht deshalb auch zusammenfassend zu den Auswirkungen von Gate Oxide Integrity (GOI). Im Einzelnen werden darunter verschiedene Fehlerursachen bei unterschiedlichen Stressbedingungen gefasst.

Ein wichtiger Effekt ist die graduelle Oxid-Degradation über der Zeit, die schließlich zu einem Durchbruch des Gate-Oxids führt. Dieser Effekt wird daher als Time dependent Dielectric Breakdown (TDDB) bezeichnet [92]. Er ist gekennzeichnet durch einen Durchbruch im Gate-Oxid aufgrund eines leitenden Pfades. Der Pfad wird durch einen Elektronen-Tunnelstrom im Gate-Oxid gebildet, wenn das Device nahe an oder oberhalb der spezifizierten Spannungsgrenze betrieben wird. Im Gegensatz zum sofortigen Durchbruch aufgrund einer sehr hohen Feldstärke wird TDDB typischerweise durch Anlegen eines relativ niedrigen Feldes über einen langen Zeitraum verursacht. Der Effekt kann durch die Perkolationstheorie erklärt werden. Ein Modell für den Strom nach Durchbruch wurde unter anderem von Martin-Martinez et al. [112] vorgeschlagen. Die molekularen Hintergründe werden in der Literatur diskutiert. Offensichtlich spielen wiederum Traps eine Rolle ebenso wie Grenzflächenzustände.

Bei einem graduellen Durchbruch des Gate-Oxids kommt es zu einer schrittweisen Erhöhung des Gate-Stroms. Dieser Effekt wird häufig auch als ein separater Fehlermechanismus unter dem Namen Stress-induced leakage current (SILC) gefasst [142]. Auch hier spielen Traps eine wichtige Rolle bei der Entstehung, jedoch wird der SILC als ein Trap-unterstützter Tunnelstrom erklärt. Daher wird der Effekt eher in sehr dünnem Oxid kleiner als 5nm beobachtet. Ausschlaggebender Faktor ist eine niedrige anliegende Spannung unterhalb der Durchbruch-Spannung.

4.3.4 Backend-Time Dependent Dielectric Breakdown

Neben dem sogenannten „Frontend-TDDB“, also dem Durchbruch des Gate-Oxids im aktiven Bauelement, wird auch das Pendant eines „Backend-TDDB (BEoL-TDDB)“ beobachtet. Dabei handelt es sich um einen Durchbruch des Inter-Layer-Dielektrikums (ILD). Auch hier werden auf den einschlägigen Konferenzen nach wie vor die zugrundeliegenden Fehlermechanismen diskutiert [2]. Mögliche Kandidaten sind Diffusion von Metall-Ionen und Durchbrüche der Barriere-Schichten. Eine Eingrenzung des Fehlerortes ist auch deshalb schwer, weil der Fehlerfall zu erheblichen Zerstörungen im Material am Ort des Durchbruchs führt.

4.3.5 Elektromigration

Mit Elektromigration wird eine erhebliche Materialerosion in der Interconnect-Struktur eines ICs bezeichnet. Dieser Effekt entsteht durch Momentenübertragung von bewegten Elektronen auf Atome im Metallgitter. Die Auswirkungen von Elektromigration hängen unmittelbar von der lokalen Stromdichte ab. Daher wird eine Verstärkung des Effekts mit abnehmenden Strukturgrößen beobachtet. Außerdem werden die Strukturen durch Elektromigration empfindlich gegenüber Temperaturgradienten: eine Temperaturerhöhung um 100K reduziert die zulässige Stromdichte um 90%.

Der sogenannte Elektronenwind kann einerseits Voids erzeugen, die eine Leitungsunterbrechung zur Folge haben oder Material an einer Stelle ansammeln und dadurch einen Kurzschluss verursachen. Bereits 1969 wurde ein statistisches Modell zur Beschreibung von Elektromigration vorgeschlagen, das als Black'sche Gleichung bekannt ist [16]. Es handelt sich dabei allerdings bereits um eine empirische Vereinfachung der komplexeren und physikalisch orientierten Beschreibung. Bis heute wird die Gleichung von Black erfolgreich für die Abschätzung von mittleren Ausfallzeiten aufgrund von Interconnect-Fehlern in Schaltungen eingesetzt.

4.3.6 Stressmigration/Stress Induced Voiding

Stressmigration tritt wiederum in Interconnects und Vias auf. Es handelt sich dabei um Ansammlungen von Fehlstellen im Metallgitter. Ursache dafür sind Diffusionsprozesse im Gitter, die wiederum durch mechanische Spannungen hervorgerufen werden. Der mechanische Stress seinerseits hat häufig als Ursache unterschiedliche thermische Ausdehnungen der verschiedenen Materialien im Gesamtverbund. Sind erst einmal Fehlstellen an Korngrenzen entstanden, sammeln sich diese unter den auftretenden Spannungen zusammen und bilden makroskopisch wirksame Fehlstellen aus. Daher entstand der Name „Stress-induced Voiding (SIV)".

Erste Berichte zur Beobachtung und Beschreibung des Effekts stammen aus dem Jahr 1984 [28]. Im Zuge der weiteren technologischen Entwicklung wurden geschichtete Interconnect-Strukturen aus einem primären Leitmaterial (Al, Cu) und Grenzschichtmaterialien (Ti, Hf, TiW) entwickelt. Diese Kombinationen zeigten eine bessere Widerstandsfähigkeit gegenüber SIV. Dennoch bleibt ein relevantes Zuverlässigkeitsproblem bestehen, gerade in zukünftig immer kleiner werdenden Strukturen.

4.4 Degradationsmodelle zur Beschreibung des Alterungsverhaltens

Aus vorangegangenen Kapiteln ist die grundsätzliche Aussage eines Degradationsmodells bereits bekannt. Es gibt eine quantitative Aussage zur alterungsbedingten Abweichung von Bauelementeeigenschaften (Degradation) in Abhängigkeit von Menge und Länge einer Stresseinwirkung. Üblicherweise wird die Auswirkung in Form einer Drift ΔD einer charakteristischen Größe D abhängig von der Dauer des Betriebs t und einer gewissen Menge an Stressfaktoren S angegeben.

Im vorliegenden Abschnitt werden einige häufig eingesetzte Degradationsmodelle aus der Literatur zu den im vorangegangenen Abschnitt dargestellten Alterungseffekten erläutert. Auf Konferenzen und in Zeitschriftenartikeln wird seit vielen Jahren die Modellierung der beobachteten Effekte in etablierten und neuen Technologien behandelt. Da jedoch auch die zugrunde liegenden physikalischen Schädigungsmechanismen häufig noch nicht in allen Einzelheiten verstanden sind und neue Materialien gelegentlich unbekannte Effekte mit sich bringen, gibt es auf diesem Gebiet auch immer wieder verbesserte Erkenntnisse.

Abgeleitet aus den Erkenntnissen in Kapitel 3 gibt es prinzipiell zwei Herangehensweisen an die Modellierung eines beobachteten Zusammenhangs. Eine **physikalische Modellierung** geht analytisch von der Beschreibung der zugrunde liegenden Wirkmechanismen aus, sofern diese bekannt sind. Diese Beschreibung hat im Allgemeinen weniger Freiheitsgrade, liegt häufig dichter am tatsächlichen Zusammenhang und erlaubt eher eine Extrapolation auch über die Grenzen des modellierten Bereichs hinaus. Demgegenüber baut die **empirische Modellierung** rein numerisch auf den erhobenen Daten auf. Eine entsprechende mathematische Beschreibung des Zusammenhangs lässt sich häufig einfacher finden. Diese enthält mehr freie Parameter, mit denen das Modell flexibel an die Daten angepasst werden kann, ist aber nur begrenzt zur Extrapolation über die Grenzen der charakterisierten Messwerte hinaus geeignet.

4.4.1 HCI

Ein erster empirischer Modellansatz zur Quantifizierung der Hot Carrier Degradation stammt von Takeda aus dem Jahr 1983 [161].

$$\Delta D = e^{-\frac{\alpha}{V_{DS}}} \cdot t^n \tag{4.5}$$

Beschrieben wird die Degradation ΔD, hier in Abhängigkeit von der anliegenden Drain-Source-Spannung V_{DS} und der Zeit t. Die Fit-Parameter α und n dienen der Anpassung an die tatsächlichen Messwerte. Die Degradation äußert sich typischerweise in einer Änderung der charakteristischen Größen $I_{D,\mathrm{lin}}$, $I_{D,\mathrm{sat}}$, V_{th} und $G_{m,\mathrm{max}}$.

Ein eher an die physikalischen Prozesse angelehntes Modell wurde 1985 von Hu vorgeschlagen [72] und dient bis heute als Grundlage für die HCI-Modellierung in kommerziellen Simulations-Werkzeugen [90].

$$\Delta D = p \left[\int_0^t \frac{I_D}{HW} \left[\frac{I_B}{I_D} \right]^m \mathrm{d}\tau \right]^n \tag{4.6}$$

Zur Modellierung werden in diesem Ansatz die beobachteten Bulk- und Drainströme I_B und I_D herangezogen. Darüber hinaus ist eine Geometrieabhängigkeit über die Weite des Bauelements W enthalten. Die Anpassung erfolgt über die Parameter H und m sowie p und n.

Eine gemeinsame Eigenschaft der beiden bisher erwähnten Modelle ist die lineare Zeitabhängigkeit der Degradation bei zeitkonstantem Stress, wenn man den Zusammenhang im doppelt logarithmischen Maßstab aufträgt.

$$\log \Delta D = n \log t + f(S) \tag{4.7}$$

Der stressabhängige Offset wurde in einer Funktion $f(S)$ zusammengefasst.

Zur Illustration eines solchen Zusammenhangs seien Daten zur Degradation infolge HCI an einem NMOS-Transistor betrachtet.

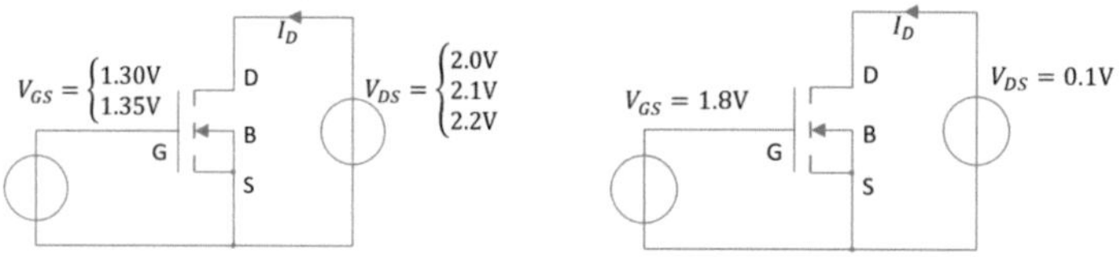

Abbildung 4.2: Schaltung für Stress (links) und Messung (rechts) der Degradation am Einzeltransistor

Bild 4.2 stellt die bei der Charakterisierung des Transistors verwendete Schaltung dar. Zwei Betriebsbedingungen sind zu unterscheiden: Stress des Transistors und Charakterisierung seiner Eigenschaften zu verschiedenen Zeitpunkten.

Als eine wichtige Größe zur Charakterisierung seines Verhaltens dient der Drain-Strom im linearen Bereich $I_{D,\text{lin}}$. Er wird typischerweise bei $V_{DS} = 0.1V$ und $V_{GS} = V_{DD}$ festgestellt [87]. Als Stressgröße S dient die Spannung V_{DS}, während der Charakterisierung wird der Stress jedoch abgeschaltet.

Die Alterung des Bauelements wird über die Veränderung von $I_{D,\text{lin}}$ mit der Zeit t und dem anliegenden Stress V_{DS} erfasst:

$$\frac{\Delta D}{D} = \left|\frac{\Delta I_{D,\text{lin}}}{I_{D,\text{lin}}}\right| = f\left(V_{DS}, t\right) \tag{4.8}$$

Bild 4.3 zeigt die Degradation des Drainstromes im linearen Bereich $I_{D,\text{lin}}$ des NMOS-Transistors über der Stresszeit. Die Werte stammen aus der Messung an zwei Exemplaren aus dem gleichen Los einer Technologie. Gestresst wurde mit drei

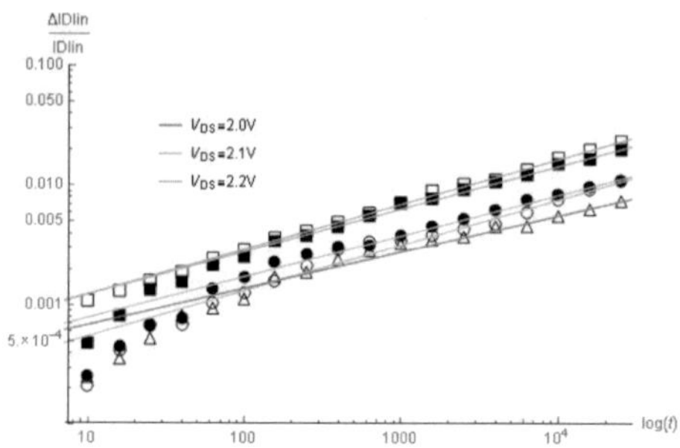

Abbildung 4.3: Relative Abweichung von $I_{D,\text{lin}}$ in Abhängigkeit von der Stresszeit

verschiedenen Spannungen V_{DS}, die im Bereich von 10 bis 25% über der nominalen Betriebsspannung der Technologie liegen. Mit diesem moderaten Überstress wird eine Beschleunigung der Degradation erreicht.

Gleichzeitig ist in Bild 4.3 die Anpassung eines Modells an die charakterisierten Daten dargestellt. Es wurde als sehr einfacher Ansatz das Modell nach Takeda (Gleichung 4.5) mit stress-unabhängigem Exponenten n in der Zeitabhängigkeit verwendet. Aus den betrachteten Daten lässt sich annehmen, dass tatsächlich ein analytischer Zusammenhang zwischen Stresszeit, Stressmenge und der daraus resultierenden Degradation besteht. Im unteren Bereich des dargestellten Zusammenhangs wäre auch ein anderer Ansatz denkbar, dort ist jedoch auch die Mess-Ungenauigkeit am größten. Bei höheren Stress-Zeiten passt der gewählte Ansatz sehr gut zu den Messdaten. Im doppelt logarithmischen Maßstab kann der Zusammenhang näherungsweise linear beschrieben werden.

Für PMOS-Devices fanden Rott et al. [146] durch Variation der Betriebsbedingungen, dass verschiedene Effekte mit unterschiedlichen Auswirkungen bei der Hot-Carrier-Degradation eine Rolle spielen können. Für betragsmäßig niedrige Gate-Source-Spannungen verringert sich die Schwellspannung ΔV_{th} mit der Zeit. Für betragsmäßig hohe Gate-Source-Spannungen in der Größenordnung der nominalen Betriebsspannung vergrößert sie sich dagegen. Verantwortlich sind zwei verschiedene Mechanismen: einzelne feldbeschleunigte heiße Ladungsträger und Teile von Teilchen-Ensembles, wie sie beispielsweise bei Impact-Ionization entstehen.

Für mittlere Stress-Spannungen löschen sich beide Effekte aus und die Schwellspannung verändert sich nicht gegenüber dem Null-Stunden-Wert. In weiteren Versuchen wurde allerdings gezeigt, dass dieser Punkt der „Drift Compensation“ vom Zeitpunkt der Beobachtung abhängt. Offenbar liegen zwei gegensätzlich wirkende Effekte mit unterschiedlichen Zeitkonstanten vor. Ein Modell zur Beschreibung des summierten Verhaltens lautet:

$$\Delta V_{th} = A_1 \cdot V_{GS}^{m_1} t^{n_1} - A_2 \cdot V_{GS}^{m_2} t^{n_2} \tag{4.9}$$

Bei leistungselektronischen MOS-Bauelementen wirkt sich die Alterung insbesondere auf eine Verschlechterung des Bahnwiderstands $R_{DS,\mathrm{on}}$ aus. Typischerweise wird eine Abflachung der Degradation für lange Stresszeiten aufgrund der Sättigung der Mobilität beobachtet [129]. Modelle zur Beschreibung dieses Verhaltens wurden bereits vor etlichen Jahren vorgeschlagen [54]:

$$\Delta D = \frac{At^n}{1+Bt^n} \tag{4.10}$$

Hinzu kommt bei Leistungshalbleitern, wie in Abschnitt 4.3 angesprochen, die Überlagerung von Hot-Hole-Injection (HHI) und Hot-Carrier-Injection (HCI). Damit zeigt sich anfangs eine Verbesserung des Bahnwiderstands und dann aufgrund der logarithmischen Darstellung der typische „Kink“ , sobald der HCI-Effekt den HHI-Effekt übersteigt (siehe Bild 4.4).

Empirisch wurde dieses Zusammenspiel von Moens [120 bis 122] modelliert:

$$\Delta D = \frac{C_1 t^n}{1+C_2 t^n} - \frac{C_3 t^m}{1+C_4 t^m} \tag{4.11}$$

Riedlberger stellt dagegen eher eine physikalisch orientierte Modellierung für das Alterungsverhalten von LDMOS-Bauelementen unter Nutzung des Substratstromes vor [143].

4.4.2 NBTI/PBTI

Auch die Modellierung des NBTI-Effekts startete vor vielen Jahren mit empirischen Beschreibungen des beobachteten Verhaltens. Gleichung 4.12 zeigt ein einfaches

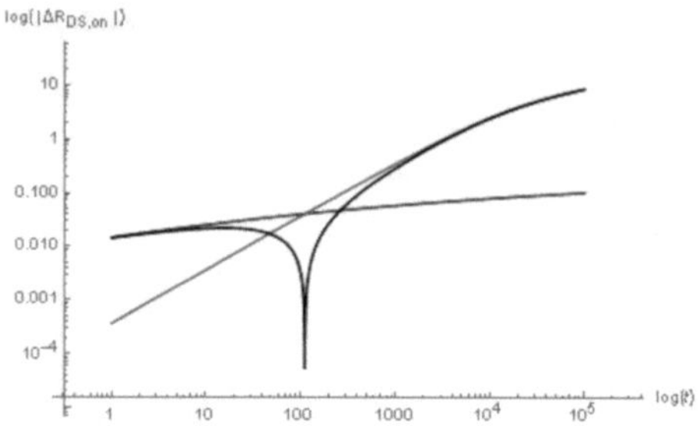

Abbildung 4.4: Überlagerung der betragsmäßigen Änderung von $R_{DS,\mathrm{on}}$ aufgrund von HHI (blau) und HCI (rot) zur resultierenden Degradation (schwarz) eines HVMOS devices

Modell mit Potenzansatz für Stress- und Zeitabhängigkeit, das bis heute vielfach in der Anwendung ist. Als Stressgröße wird dabei die Gate-Source-Spannung V_{GS} verwendet.

$$\Delta D = A \cdot V_{GS}^m t^n \tag{4.12}$$

Mit kleiner werdenden Strukturen in fortgeschrittenen Technologieknoten wurde allerdings zunehmend ein Sättigungsverhalten für lange Stress-Zeiten beobachtet [92]. Diesem Verhalten wird ein zusätzlicher Sättigungsterm gerecht, wie von Zafar vorgeschlagen [172]:

$$\Delta D = A \cdot V_{GS}^m \left(1 - e^{-\left(\frac{t}{\tau}\right)^\beta}\right) \tag{4.13}$$

Da dieses Modell jedoch für große Zeiten gegen die reine zeitunabhängige Spannungsfunktion konvergiert, gibt es das tatsächliche Verhalten nicht sehr gut wieder.

$$\lim_{t \to \infty} f(V_{GS}) \left(1 - e^{-\left(\frac{t}{\tau}\right)^\beta}\right) = f(V_{GS}) \tag{4.14}$$

Auf der anderen Seite gibt es seit vielen Jahren intensive Anstrengungen, aus dem weiterentwickelten physikalischen Verständnis auf atomarer Ebene makroskopische Modelle abzuleiten.

Die bekanntesten Modelle sind das Reaction/Diffusion-Modell und das Switching-Traps-Modell [59]. Diese beschreiben zunächst mit atomistischen Modellen die chemisch-physikalischen Vorgänge. Dabei geht es um die Besetzung von Energiezuständen im Halbleitermaterial und an den Grenzschichten sowie die statistische Wahrscheinlichkeit von Zustandsübergängen unter Stress-Einfluss.

Da solche Zusammenhänge äußerst komplex und nicht geschlossen analytisch beschreibbar sind, wurden von Grasser sogenannte CET-Maps (Capture-Emission-Times [58]) als Beschreibungsmittel vorgeschlagen.

Sie geben die Anzahl der Traps an, die bei einer bestimmten Einfangzeit besetzt und bei einer entsprechenden Emissionszeit wieder freigegeben werden. Durch Integration über dieses Diagramm erhält man ein Maß für die zu erwartende Schwellspannungsverschiebung bei einer gegebenen Kombination aus Stress- und

Relaxationszeit. Da diese Darstellung jedoch nur ein Paar von Stressniveaus (V_H und V_L) abbilden kann und keine Extrapolation der Auswirkungen auf lange Zeiten erlaubt, waren weitere Überlegungen notwendig.

Für die augenblicklichen Rückwirkungen solcher Trap-Besetzungen und -Freigaben auf die Schwellspannung wurde von Schlünder ein einfaches RC-Modell vorgeschlagen [140].

Die Kapazität wird über einen Widerstand geladen (entsprechend τ_{capture}) und über einen weiteren entladen (entsprechend τ_{emission}). Die Dioden sorgen für die Umschaltung zwischen beiden Zeitkonstanten. Dieser Modellierungsansatz scheitert jedoch an der Komplexität (Schaltungen mit vielen Devices und Anzahl Traps für große Devices) und an der notwendigen statistischen Verteilung der Einfang- und Emissionszeiten.

Verschiedene Modelle zur Beschreibung der Schwellspannungsverschiebung aufgrund von NBTI mit Hilfe von Capture- und Emission-Times werden in der Literatur vorgeschlagen [108]. Einen Überblick gibt [7] und schlägt selbst ein verbessertes Modell vor:

$$\Delta V_{th,i} = A(V,T) \cdot \log\left(1 + \frac{t_s}{\tau_{c,i}} \cdot \left(\frac{1}{1 + (t_r/\tau_{e,i})^{\beta}}\right)\right) \tag{4.15}$$

mit Stresszeit t_s, Recovery-Zeit t_r, Capture-Time $\tau_{c,i}$ und Emission-Time $\tau_{e,i}$ für zwei Sorten von Traps (langsame Traps: $i = 1$ und schnelle Traps: $i = 2$) sowie dem zeitunabhängigen Vorfaktor für Spannungs- und Temperaturabhängigkeiten

$$A(V,T) = K \cdot \exp\left(\frac{-E_0}{k_B \cdot T}\right) \cdot \exp\left(\frac{B \cdot V}{t_{\text{ox}} \cdot k_B \cdot T}\right) \tag{4.16}$$

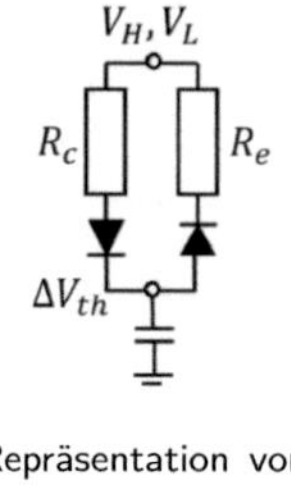

Abbildung 4.5: RC-Element zur Repräsentation von Einfang- und Emissionszeit eines Traps [140]

Dabei wird eine Trennung von Zeit- und Stress-Abhängigkeit vorausgesetzt.

Ein weiterer Ansatz zur Beschreibung des NBTI-Verhaltens ist die von Kaczer et.al. vorgeschlagene statistische Modellierung [89]. Im Mittelpunkt steht die Beschreibung der Verteilungen von Emmissions- und Einfangzeit. Daraus können im Rahmen einer transienten Simulation Szenarien für die Besetzung und Freigabe von Traps und demzufolge die Veränderung der Schwellspannung durchgespielt werden. Dieser Ansatz ist auf kleine Bauelemente beschränkt, bei denen sich die Betrachtung der einzelnen Traps lohnt. Aussagen zum Langzeitverhalten der Schwellspannungsverschiebung sind damit nicht möglich.

Ein erster Ansatz zur Lösung des Problems der Extrapolation auf lange Zeiten wurde von Giering et.al. vorgestellt [52]. Ausgangspunkt bilden die sehr genauen Angaben zur Verteilung von Capture- und Emmission-Times bzw. Aktivierungsenergien in der CET-Map, denen wiederum noch genauere atomistische Modelle zur Physik der Trap-Besetzung zugrunde liegen. Mithilfe mathematischer Modellierung gelingt es erstmalig, Berechnungsvorschriften für die zu erwartende Verschiebung der Schwellspannung nach langen Zeit anzugeben. Dabei werden zwei Sorten von Beiträgen zur Schwellspannungsverschiebung betrachtet. Die „permanente“ Komponente entsteht durch Traps mit sehr langen Recovery-Zeiten, so dass sie quasi besetzt bleiben. Andere Traps erholen sich dagegen sehr schnell, sie werden als *recoverable component* bezeichnet.

Der wesentliche Vorteil des genannten Ansatzes besteht darin, dass beliebige zeitvariable Stress-Zeit-Verläufe bei der Berechnung berücksichtigt werden können. Darin besteht ein herausragender Unterschied zu vielen anderen Ansätzen, die von digitalen Stress-Mustern ausgehen [139, 140]. Dadurch wird eine korrekte Vorhersage der Alterungsauswirkungen auch dann möglich, wenn analoge Schaltungen betrachtet werden oder sich die Signale durch verschliffene Flanken sowie Überschwinger deutlich von der Annahme eines digitalen Betriebs unterscheiden.

4.4.3 Elektromigration

Auswirkungen der Elektromigration sind ebenfalls bereits seit Jahrzehnten bekannt. Sie treten in vielen metallischen Materialien auf und sind nicht auf mikroelektronische Systeme beschränkt, sondern skalieren über einen weiten Bereich von Abmessungen.

Das klassische Beschreibungsmodell für die Wirkungen der Elektromigration auf metallische Leiter stammt aus dem Jahr 1969 von Black [16]:

$$\mathrm{t}_{50} = \frac{A}{J^n} \cdot e^{\frac{E_A}{k_B T}} \tag{4.17}$$

Im Gegensatz zu den vorangegangenen Degradationsmodellen wird hier nicht eine parametrische Abweichung beschrieben, sondern die Zeit bis zum Ausfall der Hälfte aller leitenden Verbindungen t_{50}. Diese Zeit ist abhängig von der Stromdichte J, also dem fließenden Strom und dem Leiterquerschnitt, sowie der Temperatur T. Dabei ist auch hier zwischen zeitkonstanten und zeitvariablen Stromverläufen zu unterscheiden. Für zeitvariable Signale sind als Kenngröße effektive Maße wie Spitzenwert oder Effektivwert des Stromverlaufs festzulegen.

Für die Anpassung des Modells an reale Ausfalldaten aus einer Charakterisierung stehen die empirischen Parameter A und n sowie die Aktivierungsenergie E_A zur Verfügung. Gall et.al. fanden allerdings bei der Untersuchung einer großen Anzahl von Verbindungsleitungen, dass für kleine Technologien der Exponent n nicht konstant ist [45]. Im Weibull-Plot sind deutlich zwei Äste mit unterschiedlicher Steigung erkennbar. Daher wird in der Literatur mittlerweile ein phänomenologisches Modell mit zwei Verteilungen vorgeschlagen [104].

$$\mathrm{t}_{50} = \left(\frac{A}{J} + \frac{B}{J^2}\right) \cdot e^{\frac{E_A}{k_B T}} \tag{4.18}$$

Es wird vermutet, dass der quadratische Term für die Entstehung und der lineare für das Wachstum von Fehlstellen gültig ist.

Im Ergebnis der Analyse interessiert aber häufig nicht die mittlere Ausfallzeit, also die Zeit bis zum Ausfall von 50% der Verbindungsleitungen sondern die Zeit bis ein gegebener Bruchteil, beispielsweise 0.1% mit einer gewissen Wahrscheinlichkeit ausgefallen sind. Dazu ist eine Annahme über die Form der Verteilung der Ausfallzeiten zu treffen. Typische Kandidaten sind die Normalverteilung, die jedoch eher unphysikalisch ist, da es keine negativen Ausfallzeiten gibt, die Lognormal-Verteilung oder allgemeiner die Weibull-Verteilung.

Neben den genannten linear eingehenden Faktoren gibt es auch noch nichtlineare Einflüsse, die aus der mikroskopischen Struktur des verwendeten Materials herrühren. In der Realität besitzt das eingesetzte Metall keine homogene Gitterstruktur, wie im Modell von Black angenommen, sondern es besteht aus einer Vielzahl von Körnern. An den Korngrenzen werden eher Atome aus dem Metallgitter herausgelöst, bevorzugt dann, wenn der Strom entlang der Korngrenze fließt. Daher wird eine sehr schmale Leitung, bei der alle Korngrenzen quer zur Flussrichtung sind (sogenannte Bambus-Struktur), weniger anfällig gegen Elektromigration sein. Als weiterer Effekt wurde von Blech gefunden, dass unterhalb einer gewissen Länge der Leitung (Blech-Länge) die Elektromigration ebenfalls deutlich abnimmt [17].

4.4.4 Verallgemeinertes Degradationsmodell

In den vorangegangenen Abschnitten wurde gezeigt, wie sich zu den einzelnen Degradationseffekten jeweils Modelle erstellen lassen, die die Auswirkungen von Stressfaktoren über physikalisch-technische Mechanismen auf Eigenschaften eines Bauelements beschreiben. Auch zu weiteren Effekten, die die Zuverlässigkeit eines Bauelements beeinträchtigen, wie Frontend- und Backend-TDDB, SILC, ESD, ist eine solche Modellierung möglich [85].

In erster Linie werden dabei Degradationsmodelle aufgestellt, aus denen sich Lebensdauermodelle ableiten lassen. Es können aber auch direkt Lebensdauermodelle entstehen. Auf den Unterschied wird in Kapitel 4.6 eingegangen.

Die Struktur eines Degradationsmodells ist dabei immer ähnlich:

$$\Delta D(t) = f\left(S(t), t\right) \tag{4.19}$$

Modelliert wird jeweils eine zeitvariante Degradation $\Delta D(t)$ als Funktion einer zeitabhängigen Stressgröße $S(t)$ und der Zeit t selbst. Wie gezeigt wurde, kann die Funktion f viele Ausprägungen haben. Die Struktur des Gesamtmodells lässt sich aber zu dieser Darstellung verallgemeinern.

Bevor auf die Ableitung von Lebensdauermodellen aus Degradationsmodellen und deren Nutzung im Entwurf zuverlässiger Schaltungen und Systeme eingegangen wird, geht es im nächsten Abschnitt zunächst um Ansätze, die Degradationsmodelle zu simulieren.

4.5 Ansätze zur Simulation der Degradationsmodelle

Die Herausforderung für die Simulation von Degradationsmodellen besteht in den deutlich verschiedenen zeitlichen Größenordnungen, die gleichzeitig betrachtet werden müssen: die Ursachen für die Alterungsvorgänge und die schaltungstechnischen Stressbedingungen liegen im Bereich von Sekundenbruchteilen, der interessierende Vorhersagezeitraum für ein geändertes Verhalten dagegen im Bereich von Jahren.

4.5.1 Allgemeiner Ablauf

Im Folgenden wird davon ausgegangen, dass eine Beschreibung des Degradationsverhaltens vorliegt, beispielsweise auf Basis eines der im vorangegangenen Abschnitt dargestellten Modelle. Die nächste wichtige Aufgabe besteht darin, für den beschriebenen Zusammenhang ein simulierbares Modell abzuleiten, dieses in einen Simulator zu integrieren und auszuführen. Wie bereits einleitend erläutert, stellt dies eine neue Qualität des Modells dar. Es ist nicht mehr nur zur Beschreibung der Reaktion auf statischen Stress geeignet, sondern kann auch zeitvariablen Stress richtig verarbeiten.

Dies ist eine Voraussetzung für die Nutzung des Modells innerhalb einer Simulation mit beliebigen zeitvariablen Stresspattern. Eine weitere Voraussetzung für ein aussagekräftiges Simulationsergebnis besteht darin, dass die gewählten Stresspattern einen typischen Belastungsfall für die betrachtete Schaltung darstellen und im Laufe der Zeit immer wieder in dieser Art auftreten.

Unter diesen Voraussetzungen lässt sich das in Bild 4.6 aufgezeigte mehrstufige Verfahren für die Simulation des Degradationsverhaltens durchführen. Dieses Vorgehen wird von kommerziellen Werkzeugen bei der Alterungssimulation ebenfalls eingesetzt [33]. Im Folgenden werden die einzelnen Schritte kurz erläutert.

- **Simulation der „frischen“ Netzliste**: Zunächst wird das sogenannte „Null-Stunden“-Modell simuliert, welches das Verhalten zum Zeitpunkt der Fertigung wiedergibt. Dazu sind typische Eingangssignale an die Schaltung anzulegen und über die Simulationszeit t_1 auszuführen.

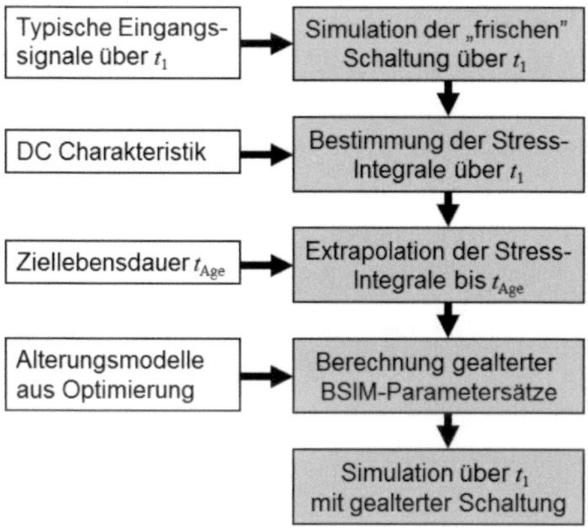

Abbildung 4.6: Typischer Ablauf einer Alterungssimulation

- **Ermittlung des Stresses**: Der an den einzelnen Devices anliegende Stress wird über die Simulationszeit t_1 integriert. Als Stressfaktoren können beispielsweise Ströme und Spannungen an den äußeren Klemmen der Devices betrachtet werden.
- **Hochrechnung des Stresses**: Durch Vorgabe einer Betriebsdauer t_{Age} kann der ermittelte Stress extrapoliert werden. Der Faktor für die Hochrechnung ergibt sich bei linearer Abhängigkeit der Degradation vom Stress aus dem Verhältnis zwischen der Lebensdauer und der Simulationszeit.
- **Auswertung des Alterungsmodells**: Für den so ermittelten Gesamt-Stress lässt sich nun mittels des zuvor erstellten Alterungsmodells die Degradation bei Erreichen der gewählten Betriebsdauer angeben.
- **Berechnung gealterter Devices**: Ist zusätzlich auch der Zusammenhang zwischen dem anliegenden Stress und den Parametern der Devicemodelle ermittelt worden, ergeben sich individuelle Parametersätze für die gealterten Bauelemente.
- **Simulation mit gealterten Devices**: Die Simulation zu Beginn der Prozedur lässt sich jetzt wiederholen. Der Unterschied besteht darin, dass die Ergebnisse das Verhalten für die gewählte Betriebsdauer wiedergeben.

4.5.2 Zeit-Extrapolation

Ein kritischer Punkt in der dargestellten Vorgehensweise ist die **Stress-Extrapolation** von der Simulationszeit t_1 auf die Betriebsdauer t_{Age}. Dabei können sehr viele Größenordnungen auf der Zeitachse zu überbrücken sein. Liegt die Größenordnung für die Simulationszeit beispielsweise im Bereich von Mikrosekunden ($t_1 = 1us = 10^{-6}s$), die betrachtete Lebensdauer dagegen im Bereich von zehn Jahren ($t_{\text{Age}} = 10a \approx 10^9 s$), so ist dazwischen eine Extrapolation über fünfzehn Zehnerpotenzen durchzuführen (Beschleunigungsfaktor $B = 10^{15}$). Entsprechend groß ist die Gefahr, durch Ungenauigkeiten in der Simulation das Ergebnis der Extrapolation deutlich zu verfälschen.

Degradationsbedingte Verschiebung des Arbeitspunkts
Ein Problem bei der Extrapolation über viele zeitliche Größenordnungen aus einer einzelnen Simulation ist die Vernachlässigung der Rückkopplung auf das Schaltungsverhalten. Ändern sich durch die Degradation die Eigenschaften der Bauelemente, so wird sich im Allgemeinen auch der Arbeitspunkt der gesamten Schaltung verschieben. Dies hat umgekehrt wieder Einfluss auf den Stress, der an den Bauelementen anliegt.

Kommerzielle Simulationswerkzeuge gehen auf dieses Problem ebenfalls ein. Die gesamte Hochrechnung wird in mehrere Abschnitte unterteilt, deren Anzahl vom Nutzer angegeben werden kann. Nach jedem Abschnitt wird erneut die Ausgangssimulation über die Zeit t_1 durchgeführt. Die bis dahin angefallene Degradation ist dann bereits in eine Veränderung der Bauelemente-Eigenschaften eingegangen. Das Simulationsergebnis repräsentiert den dadurch veränderten Arbeitspunkt der Schaltung und ist die Grundlage für die Ableitung der neuen Stress-Vektoren für den nächsten Alterungs-Abschnitt. In durchgeführten Simulationsexperimenten an einem Ringoszillator zeigte sich, dass der Unterschied zwischen vielen Einzelabschnitten und einer einzigen Extrapolation sehr klein sein kann [124].

Im Allgemeinen wird von der Voraussetzung ausgegangen, dass die Degradation während der Simulation vernachlässigbar ist. In der Literatur wurde allerdings gezeigt, dass sich Beispiele finden lassen, in denen bereits innerhalb der vergleichsweise kurzen Zeit t_1 eine signifikante Änderung des Schaltungsverhaltens infolge einer Degradation auftritt [65, 171]. Dabei wird eine kleine Komparatorschwelle überschritten und in der nachfolgenden Auswertung als abweichender Digitalwert festgestellt. Solche gravierenden Auswirkungen der Degradation sollten bereits durch Design-Maßnahmen verhindert werden.

Zusammenhang zum Test

Bei Tests in einer Halbleiterfertigung zur Ermittlung der Bauelemente-Zuverlässigkeit werden sogenannte WLR-Tests (*Wafer Level Reliability*) bzw. fWLR-Tests (*fast Wafer Level Reliability*) eingesetzt. Hierbei steht das verwandte Problem einer Interpolation des Stresses an. Ausgehend von einer beschleunigten Degradation unter erhöhtem Stress ist durch Rückrechnung auf die Degradation bei deutlich niedrigerem Stress unter realen Betriebsbedingungen zu schließen. Diese Aufgabe erscheint vergleichsweise einfach, solange die Mechanismen, die zur Degradation führen, beim Überstress nicht verändert wurden.

Bei der Zeit-Extrapolation des Stresses steht dagegen die kompliziertere umgekehrte Aufgabe: von dem Stress unter realen Betriebsbedingungen, wie sie in der Simulation über t_1 nachgebildet werden, ist auf den Stress zu einer Betriebsdauer t_{Age} zu schließen. Wurde im Zuge der WLR- bzw. fWLR-Tests ein Degradationsmodell erstellt, so kann dieses prinzipiell für die hier vorliegende umgekehrte Fragestellung eingesetzt werden.

Anstelle des Stresses kann auch die Degradation extrapoliert werden, indem zunächst zum geringen Stress mittels Alterungsmodell die Degradation ermittelt und diese dann hochgerechnet wird. Diese Alternative gilt nur für lineare Systeme. Häufig werden sich ungenauere Ergebnisse ergeben, da hier mehrfach Approximationen stattfinden und das Alterungsmodell für die Einsatzbedingungen auf ungenauen Daten basiert.

Lösung der allgemeinen Ratengleichung

Im allgemeinsten Fall wird die zeitliche Entwicklung der Degradation in Abhängigkeit vom verursachenden Stress durch eine Differentialgleichung beschrieben.

$$\frac{\mathrm{d}}{\mathrm{d}t}\Delta D(t) = f\left(\Delta D(t), S(t)\right) \tag{4.20}$$

In dieser **allgemeinen Ratengleichung** ist die Änderung der Degradation als Funktion vom aktuellen Degradationszustand und dem momentan anliegenden Stress dargestellt. Es kommen grundsätzlich zwei Möglichkeiten für die Behandlung dieser Differentialgleichung in Frage.

Zum einen kann die Ratengleichung 4.20 prinzipiell numerisch im Schaltungssimulator gelöst werden. Dies müsste jedoch über die gesamte Lebenszeit von Tagen, Monaten oder Jahren erfolgen und ist daher praktisch nicht durchführbar.

Unter bestimmten Voraussetzungen gibt es die alternative Möglichkeit, dass sich die Gleichung 4.20 nach $\Delta D(t)$ auflösen lässt. Dann kann das Lösungsintegral des Systems angegeben und für die Betriebsdauer berechnet werden. Obwohl dieser Fall eine Einschränkung der Allgemeinheit darstellt, wird er häufig als Grundlage für die Modellentwicklung angenommen. Der folgende Abschnitt widmet sich den darauf aufbauenden Überlegungen.

Lösung der Ratengleichung für spezielle Degradationsmodelle

Für den Fall eines separablen Degradationsmodells kann die beschreibende Differentialgleichung 4.20 gelöst werden. Im Ergebnis erhält man die Degradation als Zeitintegral über eine Funktion des anliegenden Stresses.

$$\Delta D(t_{\mathrm{Age}}) = \int_0^{t_{\mathrm{Age}}} f\left(S(t)\right) \mathrm{d}t \tag{4.21}$$

Im einfachsten Fall liegt ein periodisch wiederkehrendes Stressmuster mit der Periode t_1 vor. Dann wird die Zeit-Extrapolation als eine Multiplikation mit $B = t_{\mathrm{Age}}/t_1$ ausgeführt.

$$\Delta D(t_{\mathrm{Age}}) = \frac{t_{\mathrm{Age}}}{t_1} \int_0^{t_1} f\left(S(t)\right) \mathrm{d}t \tag{4.22}$$

Dazu ist einschränkend zusätzlich zum periodischen Stressmuster eine lineare Schadensakkumulation zu fordern. Als ein Beispiel sei das Degradationsmodell für Hot-Carrier-Injection nach Hu aus Abschnitt 4.4 genannt. Bei diesem Modell kann der Stress linear über der Zeit akkumuliert werden, die Extrapolation wird durch Multiplikation mit dem Beschleunigungsfaktor erreicht.

Für den Spezialfall, dass der Stress konstant über der Zeit ist, ($S(t) = \mathrm{const}$) erhält man als sehr einfache Lösung des Zeitintegrals

$$\Delta D(t_{\mathrm{Age}}) = t_{\mathrm{Age}} \cdot f\left(S\right) \tag{4.23}$$

Die Charakterisierung des Degradationsverhaltens von Bauelementen wird häufig mit zeitkonstantem Stress ausgeführt. Dadurch wird die Modellierung wesentlich vereinfacht, allerdings können die entstehenden Modelle auch nur einen Teil des Alterungsverhaltens nachbilden. In der realen Anwendung des Bauelements in einer Schaltung tritt zeitvariabler Stress auf ($S(t) \neq \text{const}$). Dann gestaltet sich die Abschätzung der kumulierten Degradation über der Zeit deutlich schwieriger [92]. Auf jeden Fall lässt sich aus der Charakterisierung und Modellierung für zeitkonstanten Stress nicht auf ein Modell für zeitvariablen Stress schließen [83].

Lösung der Ratengleichung für dynamische Degradationsmodelle
Insbesondere wird die Zeit-Extrapolation schwierig, wenn sich der Alterungsprozess nur durch ein dynamisches System beschreiben lässt. Dabei hängt der aktuelle Alterungszustand vom augenblicklichen Stress und der Vorgeschichte ab. Eine einfache Hochrechnung ist in diesem Fall nicht möglich. Es müssen die Gleichungen für das dynamische Alterungsverhalten aufgestellt und gelöst werden.

Ein dynamischer Alterungsprozess liegt vor, wenn neben Stress gleichzeitig auch Relaxation wirkt. Der Schädigungsmechanismus im Halbleiter ist also - zumindest partiell - reversibel, sobald der Stress nicht mehr anliegt. Das Verhalten von Degradation und Relaxation kann einzeln wie beschrieben aufgestellt und gelöst werden. Häufig liegen aus der Charakterisierung Daten für beide Vorgänge getrennt vor.

Die gleichzeitige Lösung der Stress- und Relaxationsgleichungen ist jedoch im Allgemeinen problematisch. Nötig ist dafür ein Mehrzustandssystem, ähnlich wie das Trapping/Detrapping-Modell, welches mit der Besetzungswahrscheinlichkeit verschiedener Ladungs-Traps und den Übergangswahrscheinlichkeiten zwischen geladenem und entladenem Zustand arbeitet. Durch Einschränkung auf ein lineares Mehrzustandsmodell können Stress und Relaxation abgebildet und das resultierende System gelöst werden. Allerdings entsteht dabei die Aufgabe, die Parameter für das Mehrzustandsmodell anhand von gemessenen Charakterisierungsdaten zu fitten. Diese Aufgabe kann sehr aufwändig werden und unter Umständen auch nicht zum Erfolg führen. Ein Grund dafür kann die begrenzte Menge an Charakterisierungsdaten sein. Diese tragen sehr zur Qualität des späteren Modells bei. Abhängigkeiten, die bei der Charakterisierung nicht erfasst wurden, werden auch im Modell nicht enthalten sein. Letztlich besteht die Aufgabe jetzt in einer Systemidentifikation, wie sie in der Automatisierungstechnik durchgeführt wird [75].

4.6 Ableitung und Nutzung von Lebensdauermodellen

Bisher wurde betrachtet, wie sich **Degradationsmodelle** aufstellen und simulieren lassen. Diese Modelle geben Auskunft über die Größe der Abweichung einer Eigenschaft nach einer bestimmten Zeit in Abhängigkeit vom anliegenden Stress.

Für die Bewertung der Zuverlässigkeit sind aber häufig eher **Lebensdauermodelle** von Interesse. Sie geben an, wie lange ein Bauelement, eine Schaltung, ein System die gegebene Last verkraften kann, bis es zum Ausfall kommt. Ebenso können mit Lebensdauermodellen auch Ausfallraten angegeben werden. Die Aussage ist die Gleiche, da sich beide Maße ineinander überführen lassen.

Zum Verständnis, wie Degradationsmodelle und Lebensdauermodelle miteinander zusammenhängen, wird aus Gründen der Anschaulichkeit zunächst die Darstellung von Safe Operating Areas eingeführt.

4.6.1 Definition und Motivation von SOAs

Der sichere Betriebsbereich (*Safe Operating Area - SOA*) beschreibt den Bereich der Betriebsbedingungen, in dem ein Bauelement ohne Selbstzerstörung betrieben werden kann [169].

Die Betriebsbedingungen können dabei sowohl elektrische Randbedingungen umfassen, wie Spannungen und Ströme an den Klemmen des Bauelements, als auch Umgebungseinflüsse, wie die Temperatur. Der Strom durch eine Klemme des Bauelements wird hier auch als Betriebsbedingung aufgefasst. Obwohl der Strom wesentlich durch das Verhalten des Bauelements selbst bestimmt wird, hängt er auch von der äußeren Beschaltung ab und ist somit ein Maß für die an der Klemme angelegte Last.

Für Leistungshalbleiter wird häufig ein SOA-Diagramm angegeben. Bild 4.7 zeigt beispielhaft das SOA-Diagramm für einen Power-MOSFET. Der Betriebsbereich

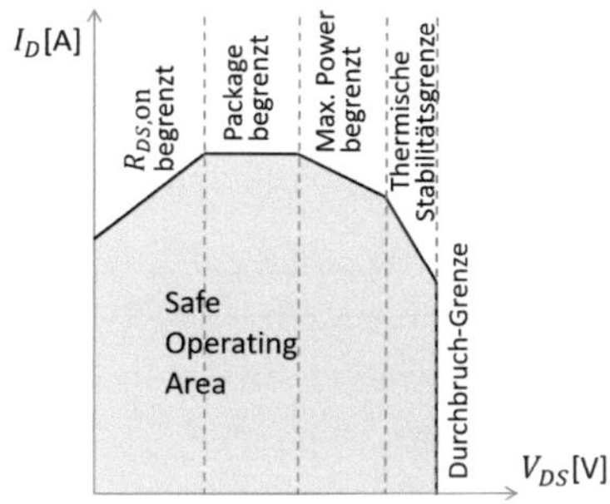

Abbildung 4.7: Betriebsgrenzen eines Leistungs-MOSFETs [153]

ist hier aufgetragen über Drainstrom I_D und Drain-Source-Spannung V_{DS}. Der Bereich der sicheren Betriebsbedingungen (SOA) wird hier begrenzt durch

- den maximalen Widerstand $R_{DS,\mathrm{on}}$,
- den maximal durch das Package leitbaren Strom,
- die maximal zulässige Verlustleistung P_{max}
- eine thermische Stabilitätsgrenze (*Thermal Breakdown*)
- sowie die maximale Durchbruchspannung (*Breakdown Voltage*).

Die genannte SOA-Definition geht von einem binären Verhalten des Bauelements aus: innerhalb des SOA-Gebiets funktioniert das Bauelement, außerhalb wird es zerstört. Diese Vereinfachung dient der besseren Handhabbarkeit für den Designer und einer wohldefinierten Absicherung.

Im realen Betrieb werden die meisten Grenzen eher eine weiche Struktur haben. Ein kurzzeitiges Überschreiten der Grenze führt noch nicht zur Zerstörung, der dauerhafte Betrieb außerhalb des SOAs schon. Solche zeitabhängigen Grenzen sind jedoch komplizierter zu beschreiben. Eine mögliche Variante ist die Einteilung in drei Bereiche:

- Verbotener Bereich (*Forbidden Area - FA*)
- Betriebsbereich unter eingeschränkten Bedingungen (*Operating Area - OA*)
- Sicherer Betriebsbereich (*Safe Operating Area - SOA*)

Eine scharfe Trennung zwischen sicherem und bedingt möglichem Betriebsbereich ist hier nicht angegeben. Sobald aber Haftungsfragen damit in Zusammenhang stehen, weil die Bauelemente in sicherheitskritischen Anwendungen eingesetzt werden sollen, kann diese Unterscheidung eine erhebliche Rolle spielen.

Eine wesentliche Verallgemeinerung stellen SOA-Diagramme dar, in denen die unterschiedlichen Bereiche eine maximal erreichbare Lebensdauer wiedergeben [77]. Solche Diagramme lassen sich sehr gut aus den in Abschnitt 4.4 behandelten Degradationsmodellen ableiten, wie im nächsten Abschnitt gezeigt wird.

SOA-Diagramme, die nach dem erreichbaren Lebensalter differenzieren, beinhalten eine eindeutige Abgrenzung der verschiedenen Betriebsbereiche. Damit liefern sie deutlich bessere und belastbare Aussagen über das Ausfallverhalten des Bauelements.

Grundsätzlich können vergleichbare SOA-Diagramme auch direkt aus der Charakterisierung von Devices erhalten werden, ohne ein Degradationsmodell aufzustellen. Solche Informationen finden sich bereits bei einigen Halbleiterfertigern in den Zuverlässigkeitsdokumentationen von Prozess-Design-Kits (PDKs).

Die beschriebenen SOA-Diagramme sind gleichzeitig sehr gut geeignet, die Informationen aus der technologischen Charakterisierung des Bauelements an einen Schaltungsdesigner weiterzugeben. Der Entwerfer kann damit eine Schaltung so optimieren, dass die Betriebsbedingungen an sämtlichen Bauelementen innerhalb festgelegter Grenzen für die Lebensdauer bleiben. Die Zuverlässigkeitsinformationen werden somit zu zusätzlichen Design-Constraints im automatisierten Schaltungsentwurf [155].

Für eine genaue Analyse ist natürlich die zeitliche Dauer des Aufenthalts in den einzelnen SOA-Bereichen über der Lebensdauer bzw. dem betrachteten Einsatz-Szenario zu betrachten. Dafür sind allerdings wiederum simulierbare Degradationsmodelle erforderlich, wie bereits weiter oben angesprochen.

4.6.2 Ableitung verallgemeinerter Lebensdauermodelle

Ausgangspunkt für die folgenden Überlegungen ist ein Degradationsmodell entsprechend Gleichung 4.19 aus Abschnitt 4.4. Zunächst werden einschränkend nur zeitkonstante Stressfaktoren betrachtet. Die Verallgemeinerung auf zeitvariable Stressfunktionen wird nachfolgend diskutiert.

$$\Delta D(t) = f(S, t) \tag{4.24}$$

Es stellt die zeitabhängige Degradation einer Bauelemente-Eigenschaft $\Delta D(t)$ als Funktion des anliegenden Stressfaktors S sowie der Dauer der Einwirkung t dar. Bild 4.8 skizziert qualitativ den Zusammenhang.

Die zeitliche Abhängigkeit ist in diesem Bild als Gerade aufgetragen. Das muss natürlich im allgemeinen nicht der Fall sein. Viele Alterungsvorgänge zeigen jedoch exponentielle oder Potenz-Zusammenhänge. Durch geeignete Skalierung der Achsen können diese in lineare Zusammenhänge überführt werden, beispielsweise durch Logarithmierung der Achsen, wie in Bild 4.8 dargestellt. Für die weitere Betrachtung ist diese Voraussetzung jedoch nicht notwendig. Lediglich der Anschaulichkeit halber wurden hier lineare Abhängigkeiten dargestellt.

Als Beispiel für eine solche Abhängigkeit wird das HCI-Degradationsmodell aus Abschnitt 4.4 wieder aufgegriffen. Bild 4.3 zeigte gemessene Werte für die Abweichung des Drainstroms im linearen Bereich $I_{D,\text{lin}}$ für verschiedene Stress-Bedingungen.

$$\log \Delta D = -\frac{\alpha'}{V_{DS}} + n \log t \tag{4.25}$$

Zur Modellierung wurde ein linearer Fit der Zeitabhängigkeit im dargestellten doppelt logarithmischen Maßstab entsprechend Gleichung 4.25 durchgeführt.

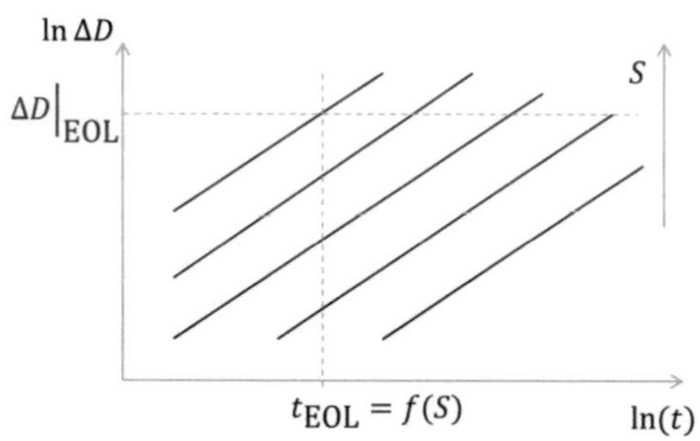

Abbildung 4.8: Degradation als Funktion von Länge und Menge eines Stressfaktors

Dieser Gleichung liegt das Takeda-Modell nach Gleichung 4.5 zugrunde, wobei $\alpha' = \alpha / \log 10$ ist. Es gibt die Tendenz der charakterisierten Abhängigkeit insbesondere für große Stress-Zeiten gut wieder.

Im nächsten Schritt wird eine **maximal tolerierbare Degradation** $\Delta D(t)|_{\mathrm{EOL}}$ festgelegt. Dadurch wird das Lebensende des Bauelements definiert (*End-of-life - EOL*). Beispielsweise legen JEDEC-Standards zur messtechnischen Erfassung und Modellierung der Halbleiterdegradation solche Grenzwerte fest [86]. Typische Angaben für die erlaubte Degradation sind 10% einer charakteristischen Größe. Als charakteristische Größen werden beispielsweise die maximale Steilheit der Übertragungskennlinie $G_{m,\mathrm{max}}$, der Strom im linearen Bereich $I_{D,\mathrm{lin}}$ oder der Strom im Sättigungsbereich $I_{D,\mathrm{sat}}$ der Ausgangskennlinie eines Transistors betrachtet. Auch eine Verschiebung der Schwellspannung $\Delta V_{th}|_{\mathrm{EOL}}$ um beispielsweise $100mV$, extrapoliert aus der maximalen Steilheit oder bestimmt nach dem Stromkriterium, werden häufig zur Beobachtung der Degradation herangezogen.

$$\Delta D|_{\mathrm{EOL}} = f\left(S, t_{\mathrm{EOL}}\right) \tag{4.26}$$

Während das EOL-Kriterium $\Delta D|_{\mathrm{EOL}}$ konstant ist, ergeben sich zu verschiedenen Stressbedingungen S jeweils andere **Ausfallzeiten** t_{EOL}, wie aus Bild 4.8 ersichtlich. Dies führt zu dem neuen funktionalen Zusammenhang,

$$t_{\mathrm{EOL}} = f(S) \tag{4.27}$$

der in Bild 4.9 prinzipiell gezeigt ist. Dieser Zusammenhang wird **Lebensdauermodell** oder auch **Beschleunigungsmodell** genannt. Letztere Bezeichnung rührt daher, dass die Erhöhung des Stresslevels das Erreichen der Ausfallgrenze beschleunigt. Der JEDEC-Standard JESD 91A bezeichnet die Darstellung der maximalen Nutzungsdauer über den Stressbedingungen als Beschleunigungsmodell [86]. Charakteristisch für die Beschleunigungsmodelle ist die indirekte Proportionalität: Bei einem höheren Stresslevel ist die Zeit bis zum Erreichen der Ausfallgrenze geringer. Man kann also Stressmenge gegen Dauer der Stresseinwirkung austauschen.

Durch die Möglichkeit, Alterungsvorgänge in gewissen Grenzen zu beschleunigen, lässt sich die Zuverlässigkeitscharakteristik im Rahmen von beschleunigten Lebensdauertest im Labor in überschaubarer Zeit aufnehmen. Ist zu dem ermittelten Verhalten ein Beschleunigungsmodell aufgestellt, so wird mit dessen Hilfe auf die Ausfallzeit unter normalen Einsatzbedingungen geschlossen.

Zur Illustration sei das Beispiel der HCI-Degradation aus Abschnitt 4.4 aufgegriffen. Die Ausfallgrenze $\Delta D|_{\mathrm{EOL}}$ wird entsprechend der standardisierten Vorgehensweise [87] auf eine relative Abweichung von 10% für $I_{D,\mathrm{lin}}$ festgelegt. Das ergibt den Zusammenhang zwischen der spezifizierten Betriebsdauer t_{EOL} und der daraus resultierenden zulässigen Stress-Spannung $V_{DS}(t_{\mathrm{EOL}})$.

Durch Extrapolation des zugrunde gelegten Modells 4.7 bis zur Ausfallgrenze erhält man für beide Stress-Bedingungen und beide Devices jeweils eine Ausfallzeit. Auf diese Punkte kann nun ein Modell der Stress-Abhängigkeit entsprechen dem grundsätzlichen Zusammenhang in Bild 4.9 angepasst werden. Beispielhaft sei hier wieder auf das Modell von Takeda nach Gleichung 4.5 zurückgegriffen. Für eine feste Ausfallgrenze von 10% ergibt sich durch Umstellung

$$\log t_{\mathrm{EOL}} = \frac{1}{n}\left(\frac{\alpha'}{V_{DS}} - 1\right) \tag{4.28}$$

Das Modell nach Gleichung 4.28 wurde als Grundlage für die Modellierung der Spannungsabhängigkeit der Beispieldaten verwendet. Abbildung 4.10 zeigt die angepasste Hyperbel für die beiden untersuchten Bauelemente-Exemplare. Aus den wenigen verfügbaren Daten lässt sich eine funktionale Form für die Abhängigkeit nur mit einiger Unsicherheit ableiten. Da das $1/x$-Modell jedoch in der Praxis sehr häufig gute Ergebnisse liefert, wurde es hier als Ansatz verwendet.

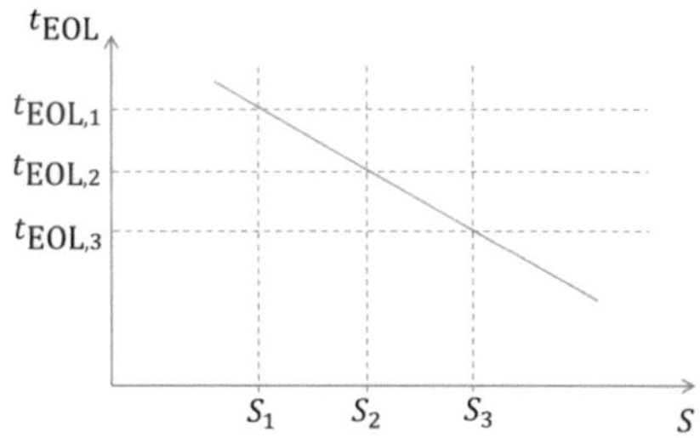

Abbildung 4.9: Zeit bis zum Erreichen der Ausfallgrenze als Funktion des angelegten Stresslevels

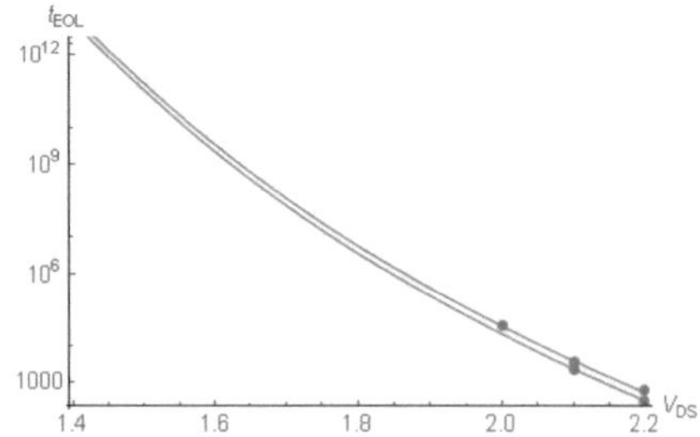

Abbildung 4.10: Abhängigkeit der erreichbaren Lebensdauer vom angelegten Stress für HCI-Degradation der betrachteten Bauelemente aus Bild 4.3

Bild 4.9 zeigt den eindimensionalen Fall eines Beschleunigungsmodells. Alterungsmodelle könne aber auch von mehreren Einflussfaktoren abhängig sein. Dann wird Gleichung 4.27 zur mehrdimensionalen Abbildung. Für zwei Einfluss-Größen lautet der allgemeine Modellansatz

$$t_{\mathrm{EOL}} = f(S', S''). \tag{4.29}$$

Beispielsweise kann die Zeit bis zum Erreichen der Ausfallbedingung an einem MOS-Transistor sowohl von der Gate-Source-Spannung als auch von der Drain-Source-Spannung abhängen. Diese Ausfallzeit lässt sich als Höhe über der Ebene der Betriebsbedingungen auftragen.

Bild 4.11 zeigt als Beispiel für eine mehrdimensionale Abhängigkeit das Verhalten eines NMOS-Transistors bei Hot-Carrier-Injection. Die Ausfallzeit ist dargestellt als Funktion von Drainstrom und Drain-Source-Spannung.

In diesen Funktionsverlauf lassen sich nun Ebenen konstanter Ausfallzeit legen, wie in Bild 4.11 dargestellt. Durch Projektion in die Ebene der Betriebsbedingungen ergeben sich schließlich Kurven zur Begrenzung von SOA-Gebieten. Bild 4.12 zeigt das erhaltene SOA-Diagramm in der V_{DS}-I_D-Ebene. Die einzelnen Bereiche markieren die Betriebsbedingungen, unter denen mindestens eine bestimmte Lebensdauer erreicht wird.

Letztlich sind SOA-Diagramme Darstellungen für Lebensdauermodelle.

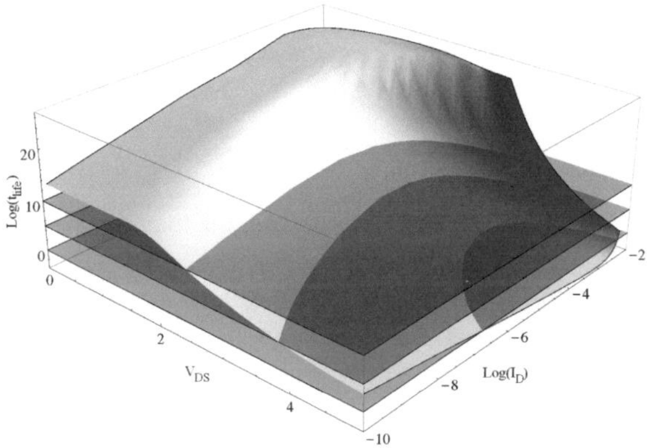

Abbildung 4.11: Dreidimensionales Beschleunigungsmodell für einen NMOS-Transistor

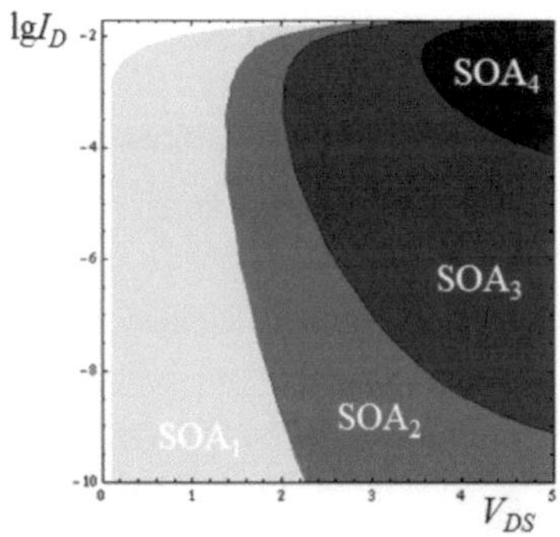

Abbildung 4.12: SOA-Diagramm abgeleitet aus Bild 4.11 [77]

4.6.3 Momentaner Aufenthalt im SOA-Diagramm

Wie bereits erwähnt, sind die SOA-Diagramme unter der Voraussetzung erstellt werden, dass das Bauelement dauerhaft unter den gleichen Bedingungen betrieben wird. Treten dagegen wechselnde Stressbedingungen am Device auf, wie es in der tatsächlichen Anwendung üblicherweise der Fall sein wird, so ist die Zuverlässigkeit unter typischen Einsatzbedingungen zu untersuchen. Auch dafür können die SOA-Diagramme herangezogen worden, wie im nächsten Abschnitt gezeigt wird.

Zunächst soll jedoch eine einfache Methode zur Nutzung der SOA-Diagramme für eine erste Degradationsanalyse während der Entwurfsverifikation vorgestellt werden. Man erhält dabei eine qualitative Aussage zum Alterungsverhalten, bevor im nächsten Abschnitt quantitative Analysemöglichkeiten besprochen werden.

Die Idee besteht darin, den momentanen Aufenthaltsort eines Bauelements im SOA-Diagramm zu verfolgen. Damit lässt sich analysieren, wann und wie oft Betriebsbedingungen am Device anliegen, die zu einer stark beschleunigten Alterung führen. Es wird quasi ein qualitatives Maß für die augenblickliche Degradation beobachtet.

Die Motivation dahinter ist eine praktische Entwurfserfahrung: die Schaltungsdimensionierung für das funktionale Sollverhalten beherrschen viele Entwerfer mit ausreichender Sicherheit. Die Umschaltzeitpunkte zwischen verschiedenen Betriebsmodi werden jedoch zuweilen nicht mit der gleichen Sorgfalt untersucht, da sie nur sehr kurze Zeiträume umfassen und zur eigentlichen Funktion einer Schaltung nicht notwendig sind. Gerade solche Umschaltmomente können aber zusammen mit ungünstigen parasitären Kapazitäten und Induktivitäten zu Betriebsbedingungen mit erhöhter Degradation führen. Wenn diese Situationen sehr häufig auftreten, kann ihr Anteil an der gesamten Degradation erheblich sein.

Eine ähnliche Motivation verfolgen einige Halbleiter-Fertiger, die zu ihrem PDK die Möglichkeit anbieten, die alterungsrelevanten Betriebsbedingungen an jedem Bauelement zu verfolgen. Dazu werden Wrapper in VerilogA geschrieben und in der Simulation als Monitore um die Bauelemente gelegt. Bei Überschreiten einer spezifizierten Grenzbedingung geben diese Wrapper Warnungen an den Entwerfer aus. Üblicherweise wird hier allerdings mit harten Grenzbedingungen gearbeitet und nicht ein komplettes SOA-Diagramm als Grundlage genommen.

Als Voraussetzung für solche Monitore auf Basis der tatsächlichen Alterungsmodelle muss für das zu untersuchende Bauelement das entsprechende SOA-Diagramm in simulierbarer Form vorliegen. Beispielhaft wurde das SOA-Diagramm aus Bild 4.12 in die Cadence Entwurfsumgebung übertragen. Bild 4.13 zeigt die erhaltenen Kurven im Visualisierungswerkzeug zusammen mit einer zusätzlichen Kurve für das *Forbidden Area*, welches den Bereich der thermischen Überhitzung $P_{\max} = V_{DS} \cdot I_D$ markiert.

Weiterhin ist in dem gezeigten Diagramm die Trajektorie $(V_{DS}(t), I_D(t))$ für den momentanen Strom-Spannungsverlauf am Device eingezeichnet, wie er sich aus den Zeitverläufen für den Strom $I_D(t)$ und die Spannung $V_{DS}(t)$ ergibt. Die Zeit t läuft in diesem Diagramm als unabhängiger Parameter mit.

Im nächsten Schritt werden die Schnittpunkte der Trajektorie mit den SOA-Grenzen gebildet. Wird nun die Zeit wieder hinzugenommen, ergibt sich ein neues Signal $(t, SOA(t))$, in dem der momentane Aufenthalt im SOA-Diagramm über der Zeit dargestellt ist. Im unteren Teil von Bild 4.13 ist ein solcher Zeitverlauf dargestellt.

Erkennbar in diesem konstruierten Beispiel ist, dass sich das Bauelement hauptsächlich im unkritischen SOA-Bereich 1 aufhält, zeitweilig auch im Bereich 2 arbeitet und für sehr kurze Pulse den „verbotenen Bereich“ berührt. Dies sollte natürlich für einen guten Schaltungsentwurf nicht auftreten. Es zeigt sich dadurch aber das Potential der vorgestellten Analysemethode: der Entwerfer kann nun die Zeitpunkte, zu denen die kurzen Pulse auftreten, genauer untersuchen. Die Bedingungen, die zum kurzzeitigen Aufenthalt in einer kritischen Zone des SOA-Diagramms geführt haben, lassen sich dadurch sehr schnell finden, analysieren und nach Möglichkeit vermeiden.

Somit unterstützt die vorgestellte Analysemethode die Optimierung einer Schaltung mit dem Fokus auf eine zuverlässige Arbeitsweise. Es ergeben sich zusätzliche Einsichten in das Alterungsverhalten der Bauelemente unter den tatsächlichen Betriebsbedingungen in der Anwendungsschaltung.

Dabei wird nicht die momentane Alterung aus den aktuellen Betriebsbedingungen berechnet. Diese wäre bei einem einzelnen kurzzeitigen Puls viel zu niedrig, um relevant für die Ausfallgrenze des Bauelements zu werden. Stattdessen wird analysiert, wann und wie lange sich ein Bauelement in einem Bereich aufhält, der -

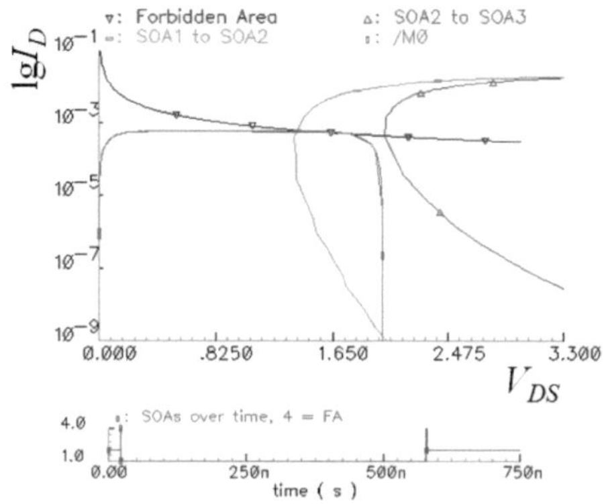

Abbildung 4.13: SOA-Diagramm aus Bild 4.12 zur Analyse in der Cadence Entwurfsumgebung

bei dauerhaftem Betrieb in diesem Bereich - kritisch für die Zuverlässigkeit dieses Bauelements wird.

Die dargestellte Analyse des momentanen Aufenthalts eines Bauelements im SOA-Diagramm gibt eine qualitative Aussage zu kritischen Stellen im Entwurf und den Betriebsbedingungen, die zu vorzeitiger Alterung führen können. Daraus lässt sich jedoch nicht ableiten, welchen Umfang die Degradation unter den anliegenden Betriebsbedingungen annimmt. Für eine solche quantitative Aussage müssen die zeitlichen Verläufe der anliegenden Lastbedingungen genauer betrachtet werden. Dies wird im nächsten Abschnitt dargestellt.

4.7 SOA-Diagramme zur Bestimmung der Zuverlässigkeit unter Einsatzbedingungen

Eine realistische Abschätzung der Zuverlässigkeit von integrierten Bauelementen verlangt die Berücksichtigung der tatsächlichen Belastung am Bauelement. Die Annahme des dauerhaften Betriebs unter Worst-Case-Bedingungen kann bestenfalls als obere Abschätzung der Degradation dienen. Vielfach würde unter diesen Bedingungen kein Betrieb über mehrere Jahre möglich sein.

Für Bauelemente in digitalen Schaltungen und an der Spannungsversorgung kann man häufig in erster Näherung im eingeschalteten Zustand von der Annahme konstanter Maximallast ausgehen. Allerdings gibt es eine Reihe von Gründen, unter denen diese Annahme nicht mehr zutrifft:

- Um den Stromverbrauch mobiler Geräte weiter zu reduzieren, wird heute auf einem komplexen IC mit verschiedenen Spannungsdomänen gearbeitet, deren Spannungspegel je nach Betriebsmodus angehoben oder abgesenkt wird (*Dynamic Voltage Scaling - DVS*).
- Für hohe Frequenzen werden auch in Digitalschaltungen die Pulsformen so weit verschliffen, dass der Signalverlauf realistischerweise analog aufgefasst werden muss.
- Kurzzeitige Über- und Unterschwinger beim Umschalten von High- auf Low-Pegel sind für die Funktion einer Digitalschaltung meist unerheblich. Für die Degradation können diese Zeiten - aufintegriert über Jahre - zu einem deutlichen Einfluss führen und müssen deshalb analog berücksichtigt werden.
- Analogschaltungen werden ihren Arbeitspunkt überlicherweise zwischen den Maximalbedingungen haben, um die Verstärkung im linearen Arbeitsbereich zu nutzen und die Sättigung zu vermeiden.

Aus den genannten Gründen ist es notwendig, zeitvariable Signalverläufe als reale Betriebsbedingungen an integrierten Bauelementen zu berücksichtigen. Als Werkzeug dafür bietet sich die Betrachtung sogenannter Mission Profiles an.

4.7.1 Mission Profiles

Die tatsächliche Beanspruchung eines elektronischen Bauteils wird nicht immer bei Volllast sein. Ähnlich wird man auch im Automobil-Bereich einen Motor zwar kurzzeitig, aber nicht dauerhaft mit maximaler Drehzahl betreiben. Eine Auslegung für dauerhafte Maximalbelastung wäre um Größenordnungen überdimensioniert.

Das Potential, die Überdimensionierung deutlich zu reduzieren, liegt in einer bedarfsgerechten Auslegung eines Systems entsprechend den realistischen Einsatzbedingungen. Selbstverständlich wird es in der Realität unterschiedliche Nutzungsszenarien geben, die nicht alle dem angenommenen typischen Szenario entsprechen. Um dieses Problem anzugehen, werden Grenznutzungszyklen vorgegeben oder Sicherheitsfaktoren aufgeschlagen. Entscheidend ist letztlich die Möglichkeit, den Zusammenhang zwischen Belastung und Abnutzung überhaupt quantifizieren zu können.

Mission Profiles sind eine Möglichkeit, die tatsächliche zeitabhängige Belastung quantitativ zu erfassen. Sie spielen eine große Rolle für das Systemdesign von Endprodukten in sicherheitskritischen Anwendungsbereichen wie dem Automobilbau oder der Luft- und Raumfahrt. Mit Hilfe von Monitoren werden anhand typischer Testzyklen wichtige Lastgrößen messtechnisch erfasst.

Temperatur	Betriebsdauer
75°C	100.000 h
125°C	10.000 h
175°C	1.000 h

Tabelle 4.1: Einfaches Mission Profile für Temperaturen

Eine einfache Anwendung von Mission Profiles ist die Vorgabe von Paaren aus Temperatur und Betriebsdauer. So könnte beispielsweise eine Spezifikation wie in Tabelle 4.1 vorliegen. Extrem hohe Temperaturen treten selten auf und nehmen daher in der Summe einen relativ geringen Anteil an der Gesamtbetriebsdauer des Systems ein.

Ein detaillierteres Mission Profile zeigt Bild 4.14. Dargestellt ist der Zeitverlauf einer Stressgröße $S(t)$ über dem Beobachtungszeitraum bis zur Zeit t_{MP}.

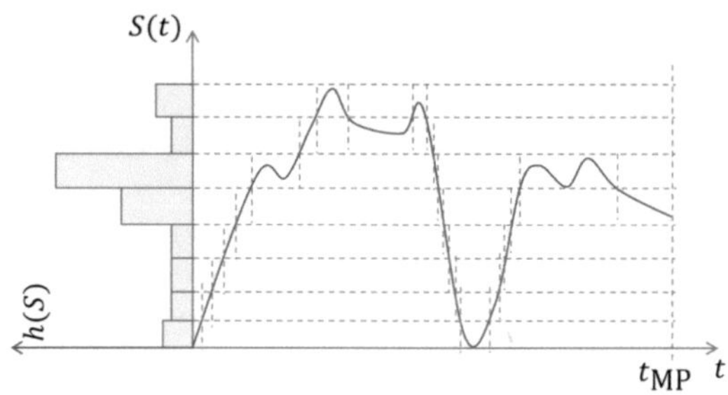

Abbildung 4.14: Ermittlung der typischen Lastverteilung aus einem Mission Profile

Im nächsten Schritt wird die Stressgröße S in diskrete Intervalle mit dem Stresslevel S_i unterteilt. Nun lässt sich bestimmen, wie lange die Größe S für einen typischen Zeitverlauf $S(t)$ in den einzelnen Stressintervallen verweilt. Daraus ergibt sich eine Lastverteilung $h(S)$, wie in Bild 4.14 angedeutet. Die Häufigkeit des Aufenthalts in einem Stresslevel $h(S_i)$ ergibt sich aus der Aufenthaltszeit t_i in dem Intervall S_i und der Länge des Mission Profiles.

$$h(S_i) = \frac{t_i}{t_{\mathrm{MP}}} \tag{4.30}$$

Auch andere Verfahren zur Bestimmung der Lastverteilung aus einem Mission Profile sind aus der Literatur bekannt. In [11] werden unter anderem *Level Cross Counting*, *Range Counting* und *Rain Flow Counting* als einparametrische Klassifizierungsverfahren zum Zählen von Häufigkeiten genannt und verglichen.

Zur Fortsetzung des betrachteten Beispiels der Hot Carrier Degradation an NMOS-Transistoren soll nun deren Belastung in einer konkreten Applikation untersucht werden. Dazu wird der Einsatz des NMOS-Transistors in einem fünfstufigen Ringoszillator herangezogen. Bild 4.15 zeigt die Beispielschaltung.

Die per Simulation über 10 ns aufgenommene Signalform V_{DS} an einem der NMOS-Transistoren zeigt Bild 4.16. Dies entspricht dem periodisch wiederkehrenden Mission Profile. Neben dem Umschalten zwischen $0V$ und der Betriebsspannung $V_{DS} = 1.8V$ erkennt man verschliffene Flanken und Überschwinger an den Pulsen.

Dadurch enthält die Häufigkeitsverteilung der auftretenden Spannungswerte mehr als nur zwei Häufungspunkte. Der vollständige Verlauf der Häufigkeitsverteilung ist in Bild 4.17 dargestellt. Dabei wurde zur Vereinfachung im Simulator eine konstante Zeitschrittweite eingestellt und anschließend die Anzahl der Simulationspunkte

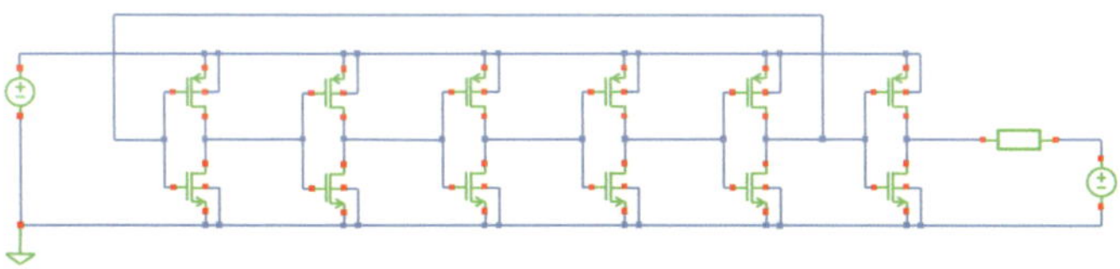

Abbildung 4.15: Schaltung eines fünfstufigen Ringoszillators

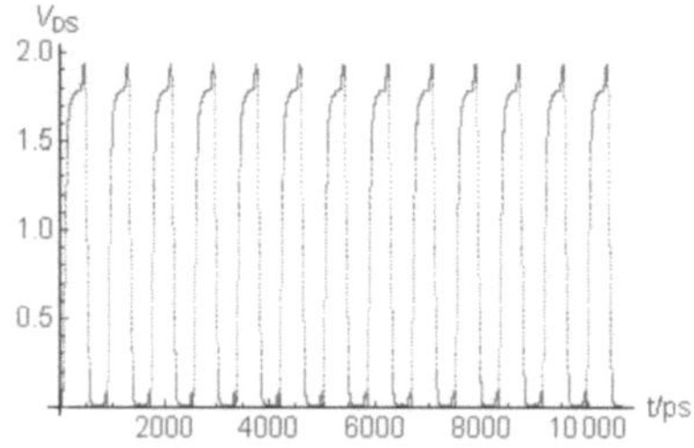

Abbildung 4.16: Spannungsverlauf am einem der NMOS-Transistoren

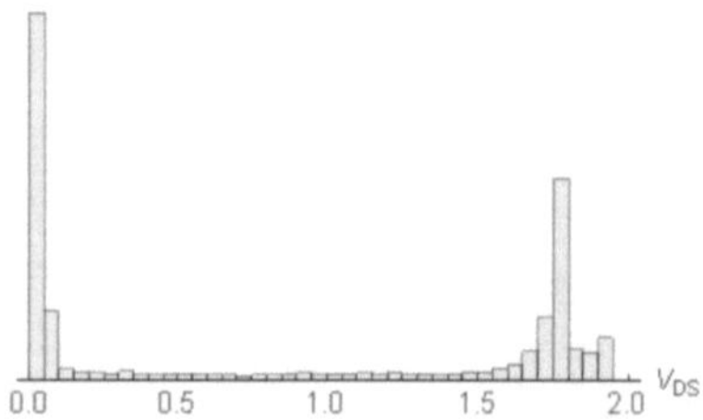

Abbildung 4.17: Häufigkeitsverteilung der auftretenden Spannungswerte aus Bild 4.16

pro Bin gezählt. Zu erkennen ist die Häufung bei $V_{DS} = 0V$ und die breitere Verteilung der Werte um $V_{DS} = 1.8V$.

4.7.2 Bestimmung der lastabhängigen Ausfallzeit

Jetzt stehen die beiden wichtigen Voraussetzungen zur Bestimmung der lastabhängigen Ausfallzeit zur Verfügung:

- die **Belastbarkeit** des Bauelements beschrieben durch das Beschleunigungsmodell bzw. das SOA-Diagramm,
- die **Belastung** des Bauelements beschrieben durch das Mission Profile bzw. die daraus abgeleitete Lastverteilung

Zu einem Ausfall des Bauelementes kommt es, wenn die Belastung die Belastbarkeit übersteigt. Darum müssen nun beide Informationen zusammengebracht werden. Dies geschieht im folgenden Schritt. Bild 4.18 stellt Belastung und Belastbarkeit in einem Diagramm dar.

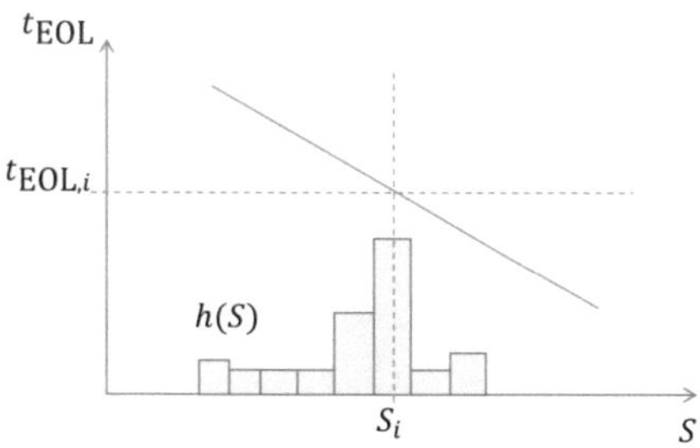

Abbildung 4.18: Lastverteilung im Belastbarkeitsdiagramm

Die **relative Abnutzung** für ein Stresslevel S_i bestimmt sich als Quotient aus der Aufenthaltszeit in dem entsprechenden Intervall t_i und der maximalen Nutzungsdauer für dieses Level $t_{\mathrm{EOL},i}$.

$$\frac{t_i}{t_{\mathrm{EOL},i}} \tag{4.31}$$

Dieser Quotient gibt an, welcher Anteil der erreichbaren Betriebsdauer bis zum Ausfall bereits durch den Aufenthalt in diesem Stressintervall verbraucht ist. Durch Summation über sämtliche Stressintervalle erhält man den Anteil an der erreichbaren Betriebsdauer während des gesamten Mission Profiles.

$$\frac{1}{t_{\mathrm{EOL}}} = \frac{1}{t_{\mathrm{MP}}} \sum_i \frac{t_i}{t_{\mathrm{EOL},i}} \tag{4.32}$$

Gleichung 4.32 ist als Miner-Regel oder auch Palmgren-Miner-Regel bekannt [116]. Das Vorgehen entspricht im Prinzip der Umrechnung auf einen einheitlichen Stresslevel mit Hilfe des Beschleunigungsmodells/SOA-Diagramms. Aus dem kurzzeitigen hohen Stress wird ein äquivalenter längerer Stress bei niedrigerem Stressniveau berechnet, der zur gleichen Schädigung führt. Auf diese Art werden sämtliche Lasten auf ein einheitliches Stresslevel umgerechnet. Die zugehörige - unbekannte - Zeit t_{EOL} ist die Ausfallzeit des Bauelements unter diesem Stressprofil.

Im betrachteten Beispiel der Hot-Carrier-Degradation von NMOS-Transistoren lässt sich nun die Lebensdauer jedes Devices in der Anwendung Ringoszillator berechnen. Es stehen die Häufigkeitsverteilung des Stresswerte in dieser Schaltung (Bild 4.17) sowie das aus dem Degradationsmodell abgeleitete Beschleunigungsmodell (Bild 4.10) zur Verfügung. Die Verknüpfung beider Angaben, also der Belastbarkeit der Transistoren dieser Technologie und der Belastung in der konkreten Anwendung führt über die Miner-Regel auf die Berechnung der Lebensdauer der einzelnen Transistoren. Für den untersuchten NMOS-Transistor ergibt sich die Lebensdauer unter periodischer Fortsetzung des Mission Profiles aus Bild 4.16 zu

$$\frac{1}{t_{\mathrm{EOL}}} = \frac{1}{t_{\mathrm{MP}}} \sum_i \frac{t_i}{t_{\mathrm{EOL},i}} \tag{4.33}$$

$$= \sum_i \frac{h(S_i)}{t_{\mathrm{EOL},i}} \tag{4.34}$$

$$t_{\mathrm{EOL}} = 7 \cdot 10^5 h \tag{4.35}$$

Dabei wurden nur Spannungslevel oberhalb von $V_{DS} = 1.4V$ betrachtet. Der untere Häufungspunkt um $V_{DS} = 0V$ trägt praktisch nicht zur Degradation bei. Die resultierende Lebensdauer von etwa 80 Jahren zeigt, dass das untersuchte Bauelement in dieser Anwendnung nicht als kritisch zu betrachten ist.

Gleichung 4.32 stellt die diskrete Version der verallgemeinerten zeitkontinuierlichen Gleichung zur Bestimmung der Lebensdauer dar.

$$\frac{1}{t_{\mathrm{EOL}}} = \frac{1}{t_{\mathrm{MP}}} \int_0^{t_{\mathrm{MP}}} \frac{1}{t_{\mathrm{EOL}}(S(t))} \, \mathrm{d}t \tag{4.36}$$

Darin wird entsprechend Gleichung 4.27 ein beliebiges Beschleunigungsmodell $t_{\mathrm{EOL}} = f(S)$ angenommen. Weiterhin wurde der Grenzübergang zu infinitesimal kurzen Zeitabschnitten dt vorgenommen, so dass der zeitkontinuierliche Stressverlauf $S(t)$ exakt berücksichtigt ist. Dazu muss allerdings das Integral aufzulösen sein oder numerisch über das Mission Profile gelöst werden.

Mit Gleichung 4.32 bzw. 4.36 lässt sich somit auf der Grundlage von aktueller Belastung $h(S_i)$ bzw. $S(t)$ und der Belastbarkeit $t_{\mathrm{EOL},i}$ bzw. $t_{\mathrm{EOL}}(S(t))$ die erreichbare Lebensdauer des Bauelements angeben.

Damit erhält der Entwerfer wertvolle Aussagen zur Zuverlässigkeitsabschätzung für die Bauelemente der analysierten Schaltung. Allerdings sind die Aussagen zur Ausfallzeit immer nur bezogen auf die willkürlich festgelegte Ausfallgrenze (*End-of-Life*-Kriterium). Der tatsächliche Einfluss auf die Zuverlässigkeit der

Schaltung, also der Einfluss auf die Einhaltung oder Verletzung einer Spezifikation der Schaltung lässt sich damit nicht angeben. Dazu wäre der direkte Zusammenhang zwischen dem anliegenden Stress und der daraus resultierenden Schädigung erforderlich. Hierzu sind weitere Überlegungen notwendig.

4.7.3 Nutzung von Beschleunigungsmodellen zur Umrechnung zwischen Stresswerten

Für viele Alterungsmechanismen lässt sich kein Degradationsmodell angeben, da die stetige Änderung einer Bauelementeeigenschaft über einer Stressgröße kaum beobachtet wird. Stattdessen führt die dauerhafte Belastung ab einem bestimmten Moment zum vollständigen Ausfall des Bauelements, der Verbindungsleitung oder der gesamten Schaltung. In solchen Fällen wird sofort ein Lebensdauermodell angegeben. Es stellt die Zeit bis zum Ausfall über den Stressgrößen und der Zeit dar.

Ein Beispiel für einen solchen Zusammenhang ist die Black'sche Gleichung 4.17 [16] für das Ausfallverhalten unter Elektromigration (siehe Abschnitt 4.4).

$$t_{\mathrm{EOL}} = \frac{A}{J^n} \cdot e^{\frac{E_A}{k_B T}} \tag{4.37}$$

$$\ln t_{\mathrm{EOL}} = \ln A - n \ln J + \frac{E_A}{k_B} \cdot \frac{1}{T} \tag{4.38}$$

Die Zeit bis zum Ausfall wird angegeben als Funktion von Stromdichte J und Temperatur T sowie den Technologie-Konstanten E_A, A und n. Die Black'sche Gleichung lässt sich somit als Beschleunigungsmodell bezüglich des Stresses J und der Temperatur T auffassen.

Bild 4.19 zeigt verschiedene Beschleunigungsmodelle für die Lebensdauer über dem Stress-Faktor Stromdichte bei konstanter Temperatur [43]. Es wurde jeweils der Exponent n aus Gleichung 4.38 durch linearen Fit bestimmt. Die Annahme einer linearen Abhängigkeit im doppelt logarithmischen Maßstab ist offenbar gerechtfertigt. Allerdings beobachten die Autoren eine bimodale Verteilung und damit zwei verschiedene Exponenten für frühe und späte Ausfälle. Wie bereits in Abschnitt 4.4 dargestellt, spiegeln sich diese beiden Exponenten dann auch in einem Modell wider.

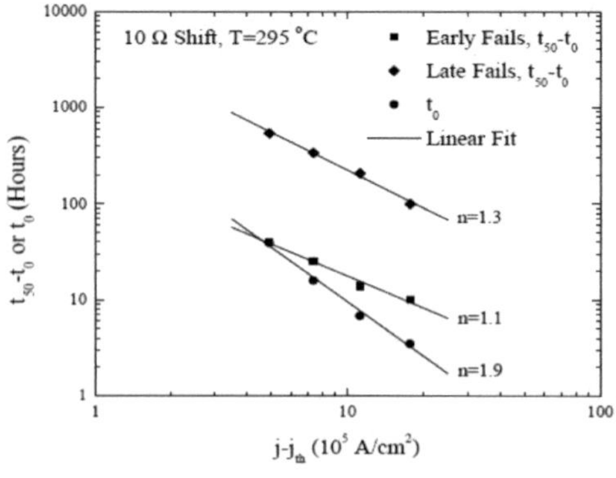

Abbildung 4.19: Beschleunigungsmodell für Ausfälle durch Elektromigration [43]

Der Temperaturbeschleunigung liegt eine Gesetzmäßigkeit ähnlich der universellen Arrhenius-Gleichung zugrunde. Das negative Vorzeichen im Exponenten ergibt sich durch die Betrachtung der Reaktionsgeschwindigkeit k anstelle der Ausfallzeit.

$$k = A \cdot e^{-\frac{E_A}{k_B T}} \tag{4.39}$$

Arbeitet eine Schaltung bei verschiedenen Temperaturen, erlaubt das Beschleunigungsmodell die Umrechnung auf eine gemeinsame Temperatur entsprechend

$$\begin{aligned} \frac{t_1}{t_{\mathrm{EOL},1}} &= \frac{t_2}{t_{\mathrm{EOL},2}} \\ \frac{J^n}{A}\frac{t_1}{e^{\frac{E_A}{k_B T_1}}} &= \frac{J^n}{A}\frac{t_2}{e^{\frac{E_A}{k_B T_2}}} \\ \frac{t_1}{t_2} &= e^{\frac{E_A}{k_B}\left(\frac{1}{T_1}-\frac{1}{T_2}\right)} \end{aligned}$$

Bild 4.20 zeigt eine solche Umrechnung auf eine gemeinsame Temperatur. Bei gleicher Schädigung entspricht ein kurzzeitiger Stress bei hoher Temperatur einem deutlich längeren Betrieb bei niedrigerer Temperatur.

Wird zusätzlich noch bei verschiedenen Stressleveln J_1 und J_2 gearbeitet, so ist darüber hinaus auch das Beschleunigungsmodell für den Stress einzusetzen.

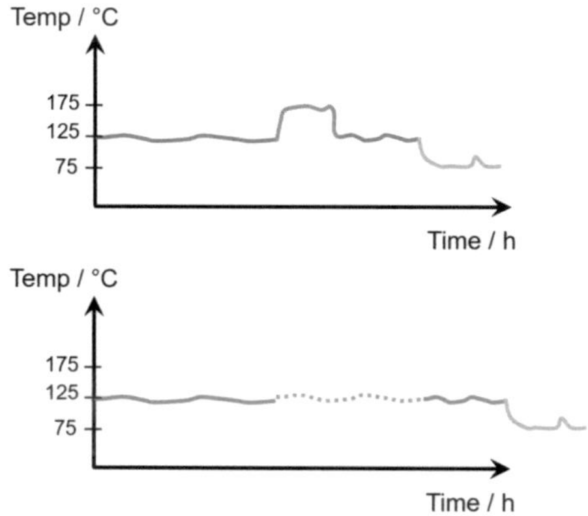

Abbildung 4.20: Umrechnung auf einheitliche Temperatur im Mission Profile

Dann ergibt sich für die Umrechnung auf eine gemeinsame Temperatur und einen gemeinsamen Stress die Gleichung

$$\frac{t_1}{t_2} = \left(\frac{J_2}{J_1}\right)^n e^{\frac{E_A}{k_B}\left(\frac{1}{T_1} - \frac{1}{T_2}\right)} \tag{4.40}$$

4.7.4 Zusammenhang zur Wöhlerkurve

Ein ähnliches Vorgehen, wie im vorangegangenen Abschnitt beschrieben, ist aus der Betriebsfestigkeitslehre im Maschinenbau bekannt [11]. Im Gegensatz zu Bild 4.9 wird dort üblicherweise der jeweils erreichbare Stresslevel S über der Betriebsdauer bis zum Erreichen der Ausfallgrenze t_{EOL} aufgetragen, also die inverse Funktion f^{-1} zu Gleichung 4.27.

Diese Darstellung für die Belastbarkeit des Bauelements ist in Bild 4.21 gezeigt und entspricht der in Bild 4.1 gezeigten Wöhlerkurve. Während hier die Zeit bis zum Ausfall aufgetragen ist, wird im Maschinenbau häufig alternativ auch die Anzahl der Lastwechsel N als unabhängige Größe dargestellt. Man spricht daher auch vom S-N-Diagramm oder dem *Stress-Strength-Diagram*. Für die Untersuchung der Festigkeit und Zuverlässigkeit mechanischer Bauteile unter wechselnden Lastbedingungen wird die Darstellung von Wöhlerkurven sehr häufig angewandt.

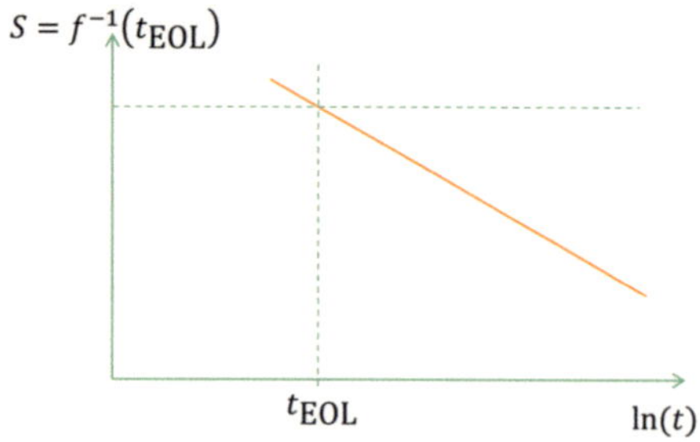

Abbildung 4.21: Erlaubter Stresslevel als Funktion der Betriebsdauer bis zum Ausfall

Die physikalischen Schädigungsmechanismen sind bei elektronischen Bauelementen völlig anders. Dennoch liegen vergleichbare mathematischen Zusammenhänge zugrunde. Daher lassen sich die selben Beschreibungsmittel und ein analoger Darstellungs- und Analyseapparat anwenden.

Die Analogie zwischen der Lebensdauerberechnung von Maschinenteilen und der Degradation elektronischer Bauelemente ist gültig, wenn entsprechende Voraussetzungen vorliegen. Die wichtigste Voraussetzung ist die Annahme einer **linearen Schadensakkumulation**. Wenn also ein Metallstab zweimal um einen bestimmten Winkel gebogen und wieder gestreckt wird, ist die Schädigung doppelt so groß, wie bei einmaliger Verbiegung. Die Schädigung wird linear mit der Belastung akkumuliert.

Für die betrachteten Degradationsmechanismen in elektronischen Bauelementen kann diese Voraussetzung im Allgemeinen angenommen werden. In den vorgestellten Degradationsmodellen lässt sich die Schädigungsfunktion - beispielsweise durch Logarithmieren - jeweils so darstellen, dass eine lineare Abhängigkeit zwischen Stress und Schädigung vorliegt.

Die eigentliche Herausforderung besteht allerdings darin, dass zusätzlich eine **statische Abbildung** zwischen Stress und Schädigung vorliegen muss. Im Maschinenbau ist diese Voraussetzung üblicherweise gegeben. Zwischen den Schädigungen durch zwei aufeinander folgenden Verbiegungen besteht in erster Näherung kein Zusammenhang.

Bei einigen der angegebenen Degradationsvorgänge im Halbleiter tritt allerdings eine Erholung ein, sobald der Stress nicht mehr anliegt. Dadurch spielt die Vorgeschichte der Schädigung an einem Bauelement eine wesentliche Rolle. Ein solches Verhalten ist nur mit Hilfe von **dynamischen Modellen** zu beschreiben.

Betrachtet man nur die Stressvorgänge und vernachlässigt die Relaxation, so erhält man immerhin eine obere Schranke für die maximal auftretende Schädigung. Für die Abschätzung der Zuverlässigkeit ist es wichtig, dass die Schädigung überschätzt und nicht unterschätzt wird. Insofern ist es zulässig, in erster Näherung ausschließlich die Schädigung zu betrachten. Für die genauere Abschätzung der resultierenden Degradation bei reversiblen Alterungsmechanismen sind weitere Untersuchungen notwendig.

4.7.5 Modellierung der statistischen Ausfallhäufigkeit

Die bisherigen Betrachtungen gingen davon aus, dass das Ausfallverhalten eines Bauelements nur vom anliegenden Stress und der Zeit des Einwirkens abhängt. Ausfallwahrscheinlichkeiten kamen dabei durch die Wahrscheinlichkeit des Auftretens verschiedener Stress-Level zustande. Berechnungen zur Zuverlässigkeit digitaler Schaltung lassen sich bereits aufgrund von Häufigkeitsverteilungen der Betriebsbedingungen durchführen [7].

Hinzu kommt aber noch eine weitere statistische Komponente. Zwei Bauteile, die dem gleichen Stress ausgesetzt werden, fallen nicht exakt zur gleichen Zeit aus. Stattdessen muss von einer Verteilung der Ausfallhäufigkeiten auch unter identischen Lastbedingungen ausgegangen werden. Ursache dafür können unter anderem Unterschiede in der mikroskopischen Materialstruktur und statistische Schwankungen in den Anfangswerten der charakteristischen Eigenschaften sein. Dementsprechend ist die statistische Betrachtung der Ausfallswahrscheinlichkeit zu erweitern.

Verschiedene Verteilungsfunktionen werden verwendet, um das statistische Ausfallverhalten eines Bauelementes zu beschreiben. Dazu gehören die Normalverteilung, die Log-Normalverteilung und die Exponentialverteilung. Sehr häufig wird auch die Weibull-Verteilung zur Beschreibung von Ausfallhäufigkeiten eingesetzt. Sie ist in der Lage, durch einen Form-Parameter das Verhalten der drei anderen genannten Verteilungen anzunähern. Außerdem können mit der Weibull-Verteilung die drei Äste der sogenannten Badewannenkurve dargestellt werden. Diese dient allgemein zur Beschreibung des Ausfallverhaltens technischer Systeme [55], wie beispielsweise im Flugzeugbau [115]. Sie beschreiben die Phase der Frühausfälle (*Early-Life-Failures ELF*), die Phase der nutzbaren Lebensdauer mit einer konstant niedrigen Ausfallrate aufgrund zufälliger Ausfälle sowie die Phase der Ermüdung (*wear-out*), die wiederum durch eine steigende Ausfallrate gekennzeichnet ist.

Aus der Verteilungsfunktion der Ausfallhäufigkeiten können die weiteren Maße zur Beschreibung der Zuverlässigkeit eines Systems, wie Ausfallwahrscheinlichkeit und Ausfallrate, abgeleitet werden.

Aus der Dichtefunktion der Ausfälle $f(t)$ ergibt sich durch Integration die Ausfallwahrscheinlichkeit $F(t)$ und die dazu komplementäre Überlebenswahrscheinlichkeit $R(t)$.

$$F(t) = \int_{-\infty}^{t} f(\tau)\mathrm{d}\tau \tag{4.41}$$

$$R(t) = 1 - F(t) \tag{4.42}$$

Daraus wiederum leitet sich die Ausfallrate $\lambda(t)$ ab. Sie wurde bereits in Gleichung 4.2 definiert als die Änderung der Anzahl funktionierender Einheiten pro Zeiteinheit bezogen auf die noch intakten Einheiten.

$$\lambda(t) = -\frac{\dot{R}(t)}{R(t)} \tag{4.43}$$

$$= -\frac{\frac{\mathrm{d}}{\mathrm{d}t}(1 - F(t))}{R(t)} \tag{4.44}$$

$$= \frac{f(t)}{R(t)} \tag{4.45}$$

Für verschiedene Verteilungsfunktionen $f(t)$ können nun Ausfallwahrscheinlichkeit, Überlebenswahrscheinlichkeit und Ausfallrate angegeben werden. Je nach Verteilungsfunktion ergeben sich sehr unterschiedliche Verläufe.

In der englischen Literatur wird die Zeit bis zum Ausfall als *Time to Failure - TTF* bezeichnet. Bei statistischer Untersuchung eines Ensembles spricht man dann von der **mittleren Ausfallzeit** (*Mean Time to Failure - MTTF*). Sie ist exakt definiert als Erwartungswert der Ausfallwahrscheinlichkeit

$$\mathrm{MTTF} = \int_0^\infty t \cdot f(t)\mathrm{d}t \tag{4.46}$$

Häufig wird als statistische Beschreibungsgröße auch die auf das p-Quantil bezogene Lebensdauer t_p angegeben.

$$t_p = F^{-1}(p) \tag{4.47}$$

Dahinter verbirgt sich die Zeit, bis ein Anteil p der Gesamtmenge an Ausgangseinheiten ausgefallen ist. Beispielsweise wird in Zusammenhang mit einer Weibull-verteilten Ausfallstatistik häufig die Zeit t_{63} bis zum Ausfall von $63,2\%$ der betrachteten Einheiten angegeben. Für eine Normalverteilung der Ausfälle wird hingegen typischerweise die Zeit t_{50} bis zum Ausfall der Hälfte der Einheiten verwendet.

Die Kenntnis der statistischen Verteilung der Ausfälle erlaubt es, die Darstellung der Belastbarkeit des Bauelements um statistische Aussagen zu erweitern. Bisher wurde nur eine feste Ausfallzeit t_{EOL} betrachtet. Stattdessen wird im Folgenden der funktionale Zusammenhang der Ausfallwahrscheinlichkeit bezogen auf einen Stress-Parameter und die Zeit untersucht.

Ein solcher funktionaler Zusammenhang der Ausfallstatistik lässt sich in einem Wahrscheinlichkeitsdiagramm darstellen. Sehr häufig wird dazu das Weibull-Diagramm verwendet, sofern es sich um eine Verteilungsfunktion handelt, die sich mit der Weibull-Verteilung beschreiben lässt. Durch Skalierung der Achsen wird erreicht, dass die Verteilungsfunktion mittels einer Gerade dargestellt werden kann. Der Anstieg dieser Geraden ist der Formparameter b der Weibull-Verteilung.

$$F(t) = 1 - e^{-\left(\frac{t}{T}\right)^b} \tag{4.48}$$

$$\ln(1 - F(t)) = -\left(\frac{t}{T}\right)^b \tag{4.49}$$

$$\ln[1 - \ln(1 - F(t))] = b \ln t - b \ln T \tag{4.50}$$

Abbildung 4.22 zeigt des prinzipielle Aussehen eines solchen Weibull-Diagramms. Dargestellt ist die Ausfallwahrscheinlichkeit als Funktion der Zeit t bis zum

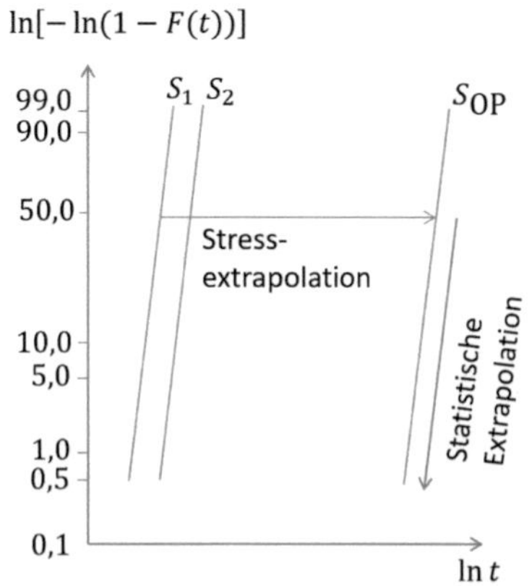

Abbildung 4.22: Weibull-Diagramm zur Darstellung zeitabhängiger Ausfallwahrscheinlichkeiten

Ausfall in Abhängigkeit vom anliegenden Stress S. Verglichen mit dem Wöhler-Diagramm ist die statistische Verteilung der Ausfälle als eine weitere Dimension hinzugekommen. Dafür erscheint der Stress S als Parameter im Diagramm.

Das Weibull-Diagramm lässt sich in engem Zusammenhang mit dem Wöhler-Diagramm verwenden. Im Weibull-Diagramm kommt gegenüber dem Wöhler-Diagramm als weitere Dimension die statistische Komponente hinzu.

Bei erhöhtem Stress (beispielsweise S_1 und S_2 in Abbildung 4.22) erhält man kurze Ausfallzeiten, die sich für den Laborversuch eignen. Anhand des ermittelten Beschleunigungsmodells lässt sich zunächst auf mittlere Ausfallzeiten unter Betriebsbedingungen S_{OP} schließen (Stress-Extrapolation).

Im zweiten Schritt erfolgt die statistische Extrapolation anhand der Ausfallstatistik. Diese lässt sich beschreiben, indem eine Gerade durch die beobachteten Punkte gelegt und der Anstiegsparameter b bestimmt wird, der die Verteilungsfunktion festlegt. Anhand des Geradenanstiegs der Ausfallfunktion kann jetzt statistisch auf sehr geringe Wahrscheinlichkeiten für einen Ausfall extrapoliert werden.

Beim Einsatz im Feld interessiert schließlich nicht die Wahrscheinlichkeit für den Ausfall der Hälfte aller Bauelemente. Wichtig als Maß für die Zuverlässigkeit ist die Wahrscheinlichkeit für den Ausfall weniger Exemplare. Diese wird häufig in *Parts per Million - ppm* angegeben. Auch Angaben in FIT-Raten (*Failure in Time*) sind üblich, womit die Anzahl der Ausfälle in 10^9 Bauelemente-Betriebsstunden bezeichnet werden (beispielsweise 1000 Bauelemente über 1 Million Betriebsstunden oder 1 Million Bauelemente über 1000 Stunden).

Letzten Endes erfolgt mit der Betrachtung der gesamten Ausfallstatistik eine Erweiterung des bisher betrachteten Beschleunigungsmodells oder auch der Wöhler-Kurve. Zusätzlich zu einer mittleren Ausfallzeit, beispielsweise t_{50}, wird die Wahrscheinlichkeit für den Ausfall zum Beispiel von 10% und 90% der betrachteten Einheiten oder auch die vollständige Verteilungsfunktion in die Untersuchung einbezogen.

Bild 4.23 zeigt die Erweiterung des Wöhler-Diagramms aus Bild 4.21 um die statistische Komponente. Zu der mittleren Ausfallkurve sind Linien für niedrige und hohe Wahrscheinlichkeit eines Ausfalls ergänzt. Gegenüber dem Weibull-Diagramm sind lediglich die Achsen vertauscht: Die y-Achse im Weibull-Plot, auf der die Quantile aufgetragen sind, wird nun zur z-Achse. Die bisherige z-Achse, also der Parameter Stress im Weibull-Diagramm, wird nun zur y-Achse. Damit ergibt sich eine Darstellung für die **statistische Belastbarkeit** eines Bauelements.

Die Darstellung der Belastbarkeit eines Bauelements in Bild 4.23 lässt sich ohne weiteres in eine Darstellung wie in Bild 4.24 überführen. Bisher wurde zu einem festen Stress-Level die Verteilung der Ausfallzeiten betrachtet. Äquivalent dazu ist die Betrachtung, welcher Stress-Level erreicht wurde, wenn man die Ausfälle zu einem bestimmten Zeitpunkt ansieht. Im Diagramm entspricht dies einer Transformation der Verteilung von der x-Achse auf die y-Achse.

Zusätzlich wurde in Bild 4.24 in das Wöhler-Diagramm die Verteilung der **statistischen Belastung** eingetragen. Wie in Abschnitt 4.7.1 dargelegt, lässt sich über das Mission Profile eine Häufigkeitsverteilung der Lasten oder eine darauf angepasste Verteilungsfunktion angeben. Diese Verteilung wird als konstant über der Lebensdauer angesehen. Sie ist gegenüber Bild 4.18 auf der y-Achse des Diagramms aufgetragen, da das Wöhler-Diagramm gerade invers zum Belastbarkeitsdiagramm dargestellt ist.

An dieser Stelle sei darauf hingewiesen, dass die Darstellung mit linearen Abhängigkeiten lediglich aus Gründen der Anschaulichkeit gewählt wurde. Diese Denkweise wird auch häufig in der praktischen Herangehensweise von Ingenieuren

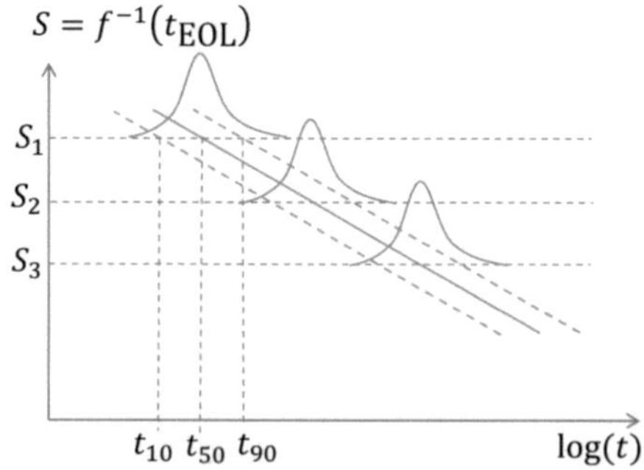

Abbildung 4.23: Statistische Beschreibung der Belastbarkeit im Wöhler-Diagramm

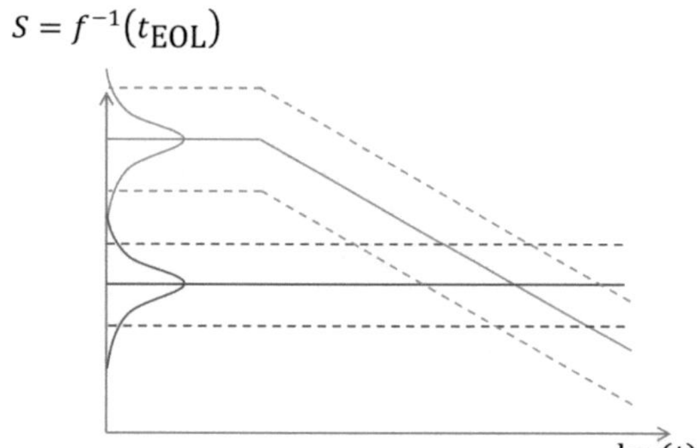

Abbildung 4.24: Verteilungen von Belastung und Belastbarkeit im Wöhler-Diagramm

zu finden sein. Die dargestellte Vorgehensweise ist jedoch mit anderen Beschleunigungsmodellen und Verteilungsfunktionen für die Ausfallstatistik ohne weiteres ebenfalls möglich.

4.7.6 Maße für die Zuverlässigkeitsbewertung

Aus den bisher durchgeführten Überlegungen lässt sich nun ein Maß für die Zuverlässigkeit der Bauelemente unter statistischer Ausfallwahrscheinlichkeit und statistisch auftretenden Lasten definieren.

In [7] werden Maße für die Bewertung der Robustheit diskutiert und auf digitale Schaltungen angewandt. Grundsätzlich wird Robustheit als Fähigkeit definiert, trotz unerwarteter Eingangswerte oder Betriebsbedingungen korrekt zu arbeiten. Als ein Maß für die Beurteilung der Robustheit wird nun der Abstand des spezifizierten Betriebsbereichs vom tatsächlich tolerierbaren Bereich der Betriebsbedingungen eingeführt. Ein zweites Maß arbeitet mit der Wahrscheinlichkeit, dass eine Betriebsbedingung außerhalb des spezifizierten Bereiches trotzdem zum korrekten Verhalten des Systems führt. Es wird begründet, warum dem zweiten der Vorzug zu geben ist.

In der vorliegenden Arbeit werden ebenfalls Maße für die Zuverlässigkeit und die Robustheit eingeführt, die auf Wahrscheinlichkeiten basieren. Neben der Wahrscheinlichkeit für das Auftreten bestimmter Betriebsbedingungen wird aber auch die Wahrscheinlichkeit dafür betrachtet, dass diese Bedingung tatsächlich zum Ausfall führt.

Bild 4.25 stellt die zeitliche Entwicklung der beiden Verteilungsfunktionen dar. Während die Verteilung der Lasten zeitlich konstant bleibt, ändert sich die Verteilung der Belastbarkeit. Mit zunehmendem Alter sinkt die Belastbarkeit durch einsetzende Degradationsvorgänge, also die Fähigkeit des Bauelements den auftretenden Belastungen zu widerstehen.

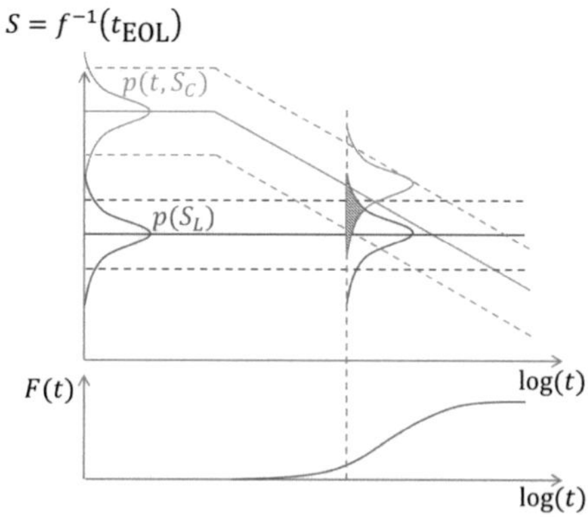

Abbildung 4.25: Zuverlässigkeit als zeitabhängige Überlagerung von Belastung und Belastbarkeit

Die Ausfallwahrscheinlichkeit ergibt sich dann aus der Wahrscheinlichkeit, dass die Belastung S_L größer ist als die zeitlich veränderliche Belastbarkeit $S_C(t)$ [11].

$$F(t) = P[S_L > S_C(t)] \tag{4.51}$$

$$= \int_{-\infty}^{+\infty} p(S_L) \cdot \left[\int_{-\infty}^{S_L} p(t, S_C) \mathrm{d}S_C \right] \mathrm{d}S_L \tag{4.52}$$

Dabei handelt es sich um eine bedingte Wahrscheinlichkeit. Angegeben ist das Produkt aus der Häufigkeit, dass eine bestimmte Last auftritt und der Wahrscheinlichkeit, dass diese Last tatsächlich auch zum Ausfall führt. Anschaulich führt eine zunehmende Überlappung der beiden Verteilungsfunktionen zu einer Erhöhung der Ausfallwahrscheinlichkeit.

Die Zuverlässigkeit ist entsprechend mit zeitlich fallender Tendenz definiert als

$$R(t) = P[S_L < S_C(t)] \tag{4.53}$$

$$= 1 - \int_{-\infty}^{+\infty} p(S_L) \cdot \left[\int_{-\infty}^{S_L} p(t, S_C) \mathrm{d}S_C \right] \mathrm{d}S_L \tag{4.54}$$

Prinzipiell kann sich natürlich auch die Lastverteilung über der Lebensdauer ändern. Dies geschieht bei einer unerwarteten Änderung von Betriebsbedingungen oder auch sobald Störungen von außen auftreten. In gewissem Sinne lässt sich dieser Fall als zeitliche Veränderung der Lastverteilung auffassen. Die Robustheit wurde als Maß für die Fähigkeit eines Systems eingeführt, auf unerwartete Störungen aus der Umgebung reagieren zu können. Daher stellt Gleichung 4.54 mit einer zeitvarianten Lastverteilung $p(t, S_L)$ ein quantitatives Maß für die Robustheit einer Schaltung dar.

Der allgemeinste Fall ergibt sich somit durch zwei zeitvariante Verteilungen $p(t, S_L)$ und $p(t, S_C)$. Tabelle 4.2 gibt einen Überblick über verschiedene Maßzahlen mit denen sich das Erreichen unterschiedlicher Entwurfsziele bewerten lässt [84].

Entwurfsziel	Lastverteilung	Belastbarkeitsverteilung
Typisches Nominaldesign	$p(S_L)$	$p(S_C)$
Design für Zuverlässigkeit	$p(S_L)$	$p(t, S_C)$
Design für Robustheit	$p(t, S_L)$	$p(S_C)$
Robustes und zuverlässiges Design	$p(t, S_L)$	$p(t, S_C)$

Tabelle 4.2: Betrachtung verschiedener Maße für unterschiedliche Entwurfsziele

Damit steht ein sehr allgemeingültiges Maß für die Bestimmung der Zuverlässigkeit zur Verfügung. Es enthält die Abhängigkeiten von

- wechselnden Lastbedingungen
- alterungsbedingter Abnahme der Belastbarkeit und
- statistische Verteilung der Ausfallwahrscheinlichkeit

Im Maschinenbau wird mit Zuverlässigkeitsmaßen wie den hier dargestellten seit vielen Jahren umgegangen. Im Bereich der Halbleiterdegradation ist eine Arbeitsweise unter Zuhilfenahme solcher Maße bisher nicht Stand der Technik. Wie gezeigt wurde, lassen sich entsprechende Ableitungen und Darstellungen jedoch sehr gut übertragen.

4.7.7 Zusammenfassung zu SOA-Diagrammen

SOA-Diagramme stellen ein geeignetes Mittel für die Darstellung von Zuverlässigkeitsinformationen in der Mikroelektronik dar. Es wurde gezeigt, wie sich solche Darstellungen systematisch aus Degradationsmodellen ableiten lassen. SOA-Diagramme werden heute bereits eingesetzt, um Lebensdauer-Informationen von Bauelementen einer Technologie zu dokumentieren. Auch grobe Abschätzungen zur Lebensdauer eines Bauelements unter Worst-Case-Bedingungen sind damit möglich.

Das SOA-Diagramm kann als Darstellung eines verallgemeinerten Beschleunigungsmodells aufgefasst werden. Dieses wiederum ist in der Zuverlässigkeitstheorie als Wöhlerkurve bekannt. Damit kann ein ganzer Apparat von Methoden aus der Betriebsfestigkeitslehre auf die Abschätzung der Lebensdauer von Halbleitern erweitert werden.

Der wichtigste Aspekt ist dabei, die Lebensdauer unter Einsatzbedingungen vorhersagen zu können. Dies stellt eine deutliche Erweiterung gegenüber den rein dokumentationsorientierten SOA-Diagrammen dar. Dazu müssen die Kurven des SOA-Diagramms in simulierbarer Form vorliegen. Dann lassen sich reale Stressverläufe über Mission Profiles in die Berechnung einer anwendungsbezogenen Lebensdauer einbeziehen. Auch der Online-Test auf Verletzung von Design-Constraints ist mit simulierbaren SOAs durchführbar.

Eine weitere Dimension wird durch die Einbeziehung statistischer Ausfallwahrscheinlichkeiten aufgespannt. Anstelle eines Degradationswertes für einen Stresswert und einen Zeitpunkt wird eine Verteilung der Ausfälle betrachtet. Üblicherweise wird auch hier eine Diskretisierung, beispielsweise für die Anzahl der Ausfälle bei bestimmten Quantilen der Verteilung als Abbild der vollständigen Verteilungsfunktion verwendet.

Das Degradationsmodell ist die allgemeinste Darstellung des Alterungsverhaltens eines Bauelements in einer Technologie. Die vollständigste Form eines solchen Modells könnte die Degradation einer Bauelemente-Eigenschaft in Abhängigkeit von folgende Einflussgrößen enthalten:

- Stress (Spannung, Strom, Temperatur)
- Dauer (Zeit, Lastwechsel)
- Quantile (1%, 50%, 99% der betrachteten Einheiten)

Verschiedene Schnitte durch den aufgespannten vierdimensionalen Raum ergeben niedrigerdimensionale Darstellungen bestimmter Sachverhalte. So ergibt sich bei Festlegung auf eine End-of-Life-Kriterium für die Degradation eine dreidimensionale Darstellung des statistischen Alterungsverhaltens oder auch mehrere zweidimensionale SOA-Diagramme für verschiedene Quantile der Ausfallstatistik. Durch einen funktionalen (beispielsweise linearen) Ansatz lässt sich daraus die komplette Information zum Ausfallverhalten zurückgewinnen.

SOA-Diagramme sind demnach zur Darstellung verschiedenster Abhängigkeiten des Alterungsverhaltens geeignet. Sie eignen sich darüber hinaus auch zur Weitergabe von Informationen zwischen den Abstraktionsebenen. Eine Foundry kann dadurch beispielsweise die Informationen aus der Charakterisierung ihrer Technologie an einen Designer weitergeben. Dabei sind neben den dargestellten Schnitten durch eine vollständig beschriebenes Degradationsmodell ebenso auch Messwerte unmittelbar aus der Charakterisierung zur Beschreibung der SOA-Grenzen verwendbar. Zwischen den charakterisierten SOA-Grenzen wird beispielsweise mit nullter, erster oder zweiter Ordnung interpoliert.

Damit sind SOA-Diagramme eine sehr allgemeingültige Möglichkeit zur Darstellung und Weitergabe von Informationen über das Alterungsverhalten im Entwurfsprozess. Sie können dem Designer wichtige Einsichten zur Überprüfung der Zuverlässigkeit seiner Schaltung unter typischen Belastungsbedingungen über einen langen Einsatzzeitraum liefern.

4.8 Beispiel einer Schaltungsoptimierung anhand der Zuverlässigkeitsanalyse

Der vorliegende Abschnitt zeigt anhand eines einfachen Schaltungsbeispiels, wie sich die bisher erarbeiteten Methoden der Zuverlässigkeitsanalyse zur Bewertung und Optimierung von Schaltungsentwürfen nutzen lassen. Konkret wird ein einfacher Digitalschaltungsblock in einer 0.18μm-Technologie betrachtet. Entsprechend der entwickelten Methodik werden in der Zuverlässigkeitsanalyse einerseits Anforderungen aus der Anwendung und andererseits Möglichkeiten der Technologie betrachtet, um anschließend auf Grundlage der gemeinsamen Betrachtung das Optimierungspotential aufzuzeigen. Die Schaltung mit den anliegenden Testsignalen gibt die Anforderungen vor, aus der Charakterisierung der Transistoren ergeben sich die Möglichkeiten der Technologie.

4.8.1 Schaltungstopologie und Testbench

Die betrachtete Schaltung in Bild 4.26 stellt einen zweifachen Inverter dar, der sich als Buffer zur Entkopplung und zum Treiben von Lasten für analoge und digitale Signale einsetzen lässt. Beispielhaft wird hier eine einfache PWL-Quelle am Eingang sowie eine kapazitive Last am Ausgang verwendet. Alle Transistoren weisen die minimale Länge der Technologie auf, die PMOS-Transistoren eine größere Weite als die NMOS-Transistoren sowie in der zweiten Inverter-Stufe generell größere Weiten für beide Device-Typen als in der ersten Stufe.

Am Signal-Eingang liegt ein PWL-Puls mit parametrisierbaren Anstiegs- und Abfallzeiten und einer Frequenz von 40MHz an. Bild 4.27 zeigt das Eingangssignal sowie den resultierenden Puls nach der ersten Inverterstufe. Diese beiden Signale stellen gleichzeitig den elektrischen Stress für V_{GS} und V_{DS} des NMOS-Devices in der ersten Inverterstufe dar.

4.8.2 Charakterisierung der Transistorzuverlässigkeit

Für die Charakterisierung der Zuverlässigkeit wird exemplarisch die Degradation durch HCI (siehe Abschnitt 4.3) betrachtet. Besonders anfällig dafür sind in einer Schaltung die NMOS-Devices, sie werden deshalb im Folgenden detailliert charakterisiert. Als Modell zur Beschreibung der HCI-Degradation wird das Hu-Modell nach Abschnitt 4.4 verwendet. Es basiert auf den Stressgrößen Drainstrom I_D und Bulkstrom I_B.

Für den Zusammenhang zwischen Strömen und Spannungen wurden die nominalen Kennlinienfelder des untersuchten NMOS-Transistors per Simulation erhoben. Bild 4.28 stellt als Ergebnis Drainstrom und Substratstrom als Funktion der anliegenden Klemmenspannungen dar. Der Simulation lag ein BSIM3-Modell zugrunde. Auch wenn das Substratstrom-Verhalten in dieser BSIM-Version nicht sehr gut modelliert ist, reicht es für die betrachtete Strukturgröße 180nm häufig aus.

Auf Basis der charakterisierten nominalen Zusammenhänge konnte die HCI-Degradation der NMOS-Devices in Abhängigkeit von den Spannungen V_{GS} und V_{DS} am Transistor berechnet werden. Bild 4.29 zeigt als Degradation die Änderung des Drainstroms im Sättigungsbereich $I_{D,\text{sat}}$. Dargestellt ist der dekadische Logarithmus der prozentualen Abweichung vom Null-Stunden-Wert $Log_{10}\left(\frac{\Delta I_{D,\text{sat}}}{I_{D,\text{sat},0}}\right)$

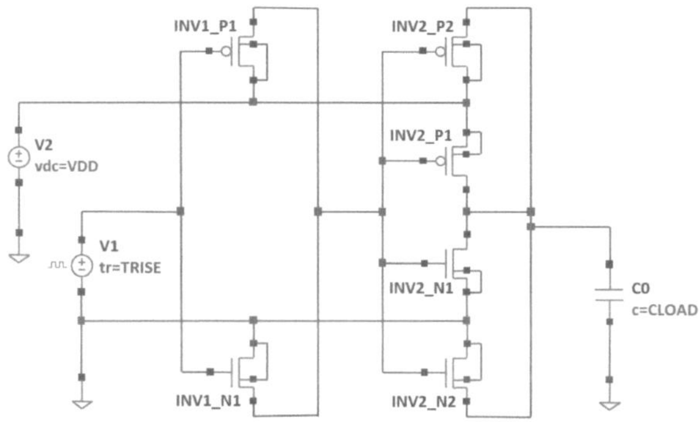

Abbildung 4.26: Schaltung mit Testbench zur Zuverlässigkeitsanalyse

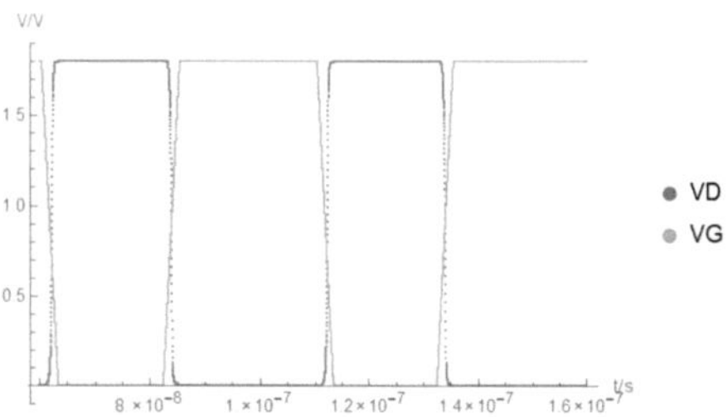

Abbildung 4.27: Testsignale am NMOS-Transistor in der Bufferschaltung

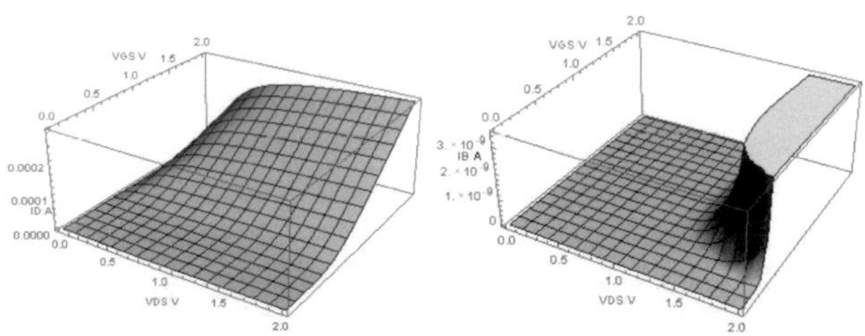

Abbildung 4.28: Kennlinienfelder für das nominale Transistorverhalten

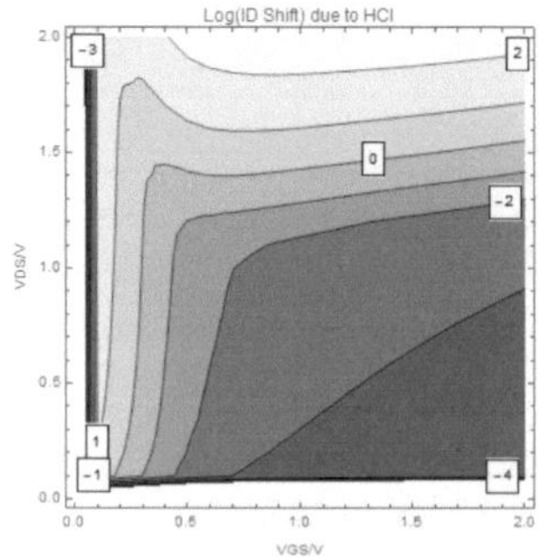

Abbildung 4.29: Diagramm der HCI-Degradation über den Betriebsbedingungen

über V_{GS} und V_{DS} jeweils im Bereich $0 \leq V \leq 2.0\text{V}$. Dabei wurde angenommen, dass der Stress unter den jeweiligen Bedingungen von V_{GS} und V_{DS} konstant über die Dauer von $t_{\text{Target}} = 3 \cdot 10^8 s$ anliegt, was einem Betrieb über etwa 10 Jahre entspricht. Dabei herrscht Raumtemperatur vor.

Die Parameter des Hu-Modells wurden so gewählt, dass damit das Degradationsverhalten bezüglich des Sättigungsstroms für eine typische 0.18μm-Technologie nachgebildet wird. Die angenommene nominale Betriebsspannung dieser Technologie liegt bei $V_{DD,\text{nom}} = 1.8\text{V}$. Durch Überschwinger im Zusammenhang mit sehr steilen Signalflanken kann dieser Bereich kurzzeitig überschritten werden. Deshalb wurde der Bereich bis $V_{DD} = 2.0\text{V}$ charakterisiert.

Die maximale Degradation tritt für sehr hohe Drain-Spannungen auf, wenn die Gatespannung gleichzeitig im mittleren Bereich ist. Allgemein wird das Degradationsmaximum typischerweise angegeben für $V_{GS} = V_{DS}/2$. Wie im Bild 4.29 zu erkennen, kann die Abweichung von $I_{D,\text{sat}}$ bei dauerhaften Stress oberhalb der nominalen Betriebsspannung über 10 Jahre im dreistelligen Prozentbereich liegen. Die daraus entstehenden Veränderungen des Schaltungsverhaltens werden im Allgemeinen nicht akzeptabel sein. Allerdings wird ein Transistor bei Beachtung der vorgegebenen Designregeln sicher nicht dauerhaft über der nominalen Betriebsspannung eingesetzt. Es ist daher im Folgenden zu berechnen, wie viel Zeit der einzelne Transistor im betrachteten Einsatzszenario tatsächlich in welchem Degradationsbereich zubringt. Es müssen die Stress-Anforderungen aus der konkreten Anwendungsschaltung und das Degradationsverhalten des betrachteten Devices zusammen gebracht werden.

4.8.3 Berechnung der Transistorzuverlässigkeit in der Schaltung

Die in der Schaltungssimulation auftretenden Ströme können nicht unmittelbar als Stressgrößen zur Berechnung der Degradation herangezogen werden. Sie enthalten dynamische Anteile, die nur zum Umladen von Kapazitäten wirksam werden und keinen Einfluss auf die Degradation im Transistor haben. Für eine genauere Analyse wurden deshalb als Stressgrößen die anliegenden Drain-Source- und Gate-Source-Spannungen V_{DS} und V_{GS} verwendet. Die tatsächlich auf die Degradation wirksam werdenden Ströme I_D und I_B lassen sich aus diesen Spannungen anhand der DC-Kennlinienfelder gewinnen (siehe Bild 4.28).

Die Zuverlässigkeitsanalyse benötigt die Information, wie viel Zeit das Device bei den betrachteten Stress-Signalen in welchem Betriebsbereich verbringt. Bild 4.30 zeigt anhand eines Histogramms der Aufenthaltshäufigkeiten, dass sich der untersuchte Transistor im gepulsten Betrieb hauptsächlich im ein- oder ausgeschalteten Zustand befindet und nur selten in den Übergangsbereichen.

Für eine Bewertung der Auswirkungen nach 10 Jahren Betrieb muss eine quantitative Analyse der Degradation unter Einbeziehung der Aufenthaltsdauer in den jeweiligen Arbeitsgebieten für das betrachtete Nutzungsszenario erfolgen. Im vorangegangenen Abschnitt wurde ermittelt, wie groß die Degradation in

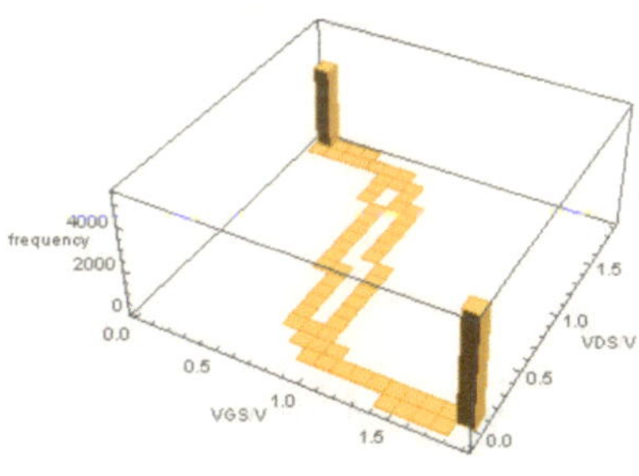

Abbildung 4.30: Häufigkeit des Aufenthalts über den Betriebsbedingungen

den jeweiligen Betriebsbereichen ist (Bild 4.29), nun steht die Information zur Verfügung, wie lange sich das Device in den einzelnen Bereichen aufhält. Damit sind die Voraussetzungen gegeben, die resultierende Performance-Änderung über der gesamten Betriebsdauer zu bestimmen.

Im Folgenden wird ein analytisches Maß für die tatsächliche Degradation unter Einsatzbedingungen hergeleitet. Ausgangspunkt ist die bekannte Beziehung zur Berechnung der HCI-Degradation nach Hu, die im ersten Schritt so umgeformt wird, dass die entstehenden Terme linear in der Zeit sind.

$$\Delta D = p\left[\int_0^t \frac{I_D}{HW}\left[\frac{I_B}{I_D}\right]^m \mathrm{d}\tau\right]^n \tag{4.55}$$

$$\Delta D = B\left[\int_0^t I_D\left[\frac{I_B}{I_D}\right]^m \mathrm{d}\tau\right]^n \tag{4.56}$$

$$\Delta D^{\frac{1}{n}} = B^{\frac{1}{n}} \int_0^t I_D(\tau)\left[\frac{I_B(\tau)}{I_D(\tau)}\right]^m \mathrm{d}\tau \tag{4.57}$$

Als Interpolation nullter Ordnung kann man die Ströme I_D und I_B jeweils für einen Zeitschritt als konstant ansehen, wodurch aus der Integration eine Summation wird.

$$\Delta D^{\frac{1}{n}} = B^{\frac{1}{n}} \sum_i I_D(t_i)\left[\frac{I_B(t_i)}{I_D(t_i)}\right]^m \Delta t_i \tag{4.58}$$

Anstelle einer Summation über die Zeitschritte Δt_i wird nun die Summation über die Häufigkeiten des Aufenthaltes in den verschiedenen Betriebsbereichen $h_{j,k}$ durchgeführt.

$$\Delta D^{\frac{1}{n}} = B^{\frac{1}{n}} \sum_{j,k} I_D^{j,k}\left[\frac{I_B^{j,k}}{I_D^{j,k}}\right]^m h_{j,k} t_{\text{period}} \tag{4.59}$$

mit $j : V_{GS}^j = 0, 0.1, \ldots, 2.0$, $k : V_{DS}^k = 0, 0.1, \ldots, 2.0$, $I_D^{j,k} = I_D(V_{GS}^j, V_{DS}^k)$, $I_B^{j,k} = I_B(V_{GS}^j, V_{DS}^k)$ und

$$h_{j,k} = \frac{\sum_i t_i | V_{GS}(t_i) = V_{GS}^j \wedge V_{DS}(t_i) = V_{DS}^k}{t_{\text{period}}} \tag{4.60}$$

Damit erhält man die Degradation über den Verlauf einer Periode. Unter der Annahme einer fortgesetzten periodischen Arbeitsweise bis zur geplanten Ziellebensdauer ergibt sich die gesamte Degradation zu

$$\Delta D^{\frac{1}{n}} = B^{\frac{1}{n}} \frac{t_{\text{target}}}{t_{\text{period}}} \sum_{j,k} I_D^{j,k} \left[\frac{I_B^{j,k}}{I_D^{j,k}} \right]^m h_{j,k} t_{\text{period}} \tag{4.61}$$

$$\Delta D^{\frac{1}{n}} = B^{\frac{1}{n}} t_{\text{target}} \sum_{j,k} I_D^{j,k} \left[\frac{I_B^{j,k}}{I_D^{j,k}} \right]^m h_{j,k} \tag{4.62}$$

$$\Delta D = B \left(t_{\text{target}} \sum_{j,k} I_D^{j,k} \left[\frac{I_B^{j,k}}{I_D^{j,k}} \right]^m h_{j,k} \right)^n \tag{4.63}$$

Die Ergebnisse der Degradationsanalyse für das betrachtete Schaltungsbeispiel werden im nächsten Abschnitt gezeigt und diskutiert.

Im konkreten Simulationsexperiment wurde aus Gründen der Vereinfachung eine konstante Zeitschrittweite Δt verwendet. Dies ist aber keine Voraussetzung für die Durchführung der gezeigten Analyse. Es vereinfacht lediglich die Ermittlung der Häufigkeiten. Unter der allgemeineren Annahme beliebiger Schrittweiten sind zusätzlich die Zeitpunkte des Eintritts und des Verlassens von Intervallen des Betriebsbereichs zu ermitteln.

Die dargestellte Degradationsanalyse nach Gleichung 4.63 wird sehr effizient a posteriori am Ende einer Periode über ein Histogramm mit den gesammelten Aufenthaltshäufigkeiten durchgeführt. Soll dagegen während der Simulation laufend das Maß für die bisher erreichte Degradation mitverfolgt werden, um beispielsweise eine Warnung bei Erreichen einer kritischen Schwelle abgegeben zu können, ist Gleichung 4.58 dagegen besser geeignet.

Eine weitere wichtige Einschränkung gilt weiterhin auch für die hier dargestellte Analyse: eine Summation der einzelnen Beiträge über der Zeit ist nur möglich, wenn sich durch Umformung eine lineare Abhängigkeit von der Zeit erreichen lässt, wie im gezeigten Beispiel. Ist beispielsweise der Zeitexponent spannungsabhängig, so sind andere Analysealgorithmen anzuwenden.

4.8.4 Optimierung der Schaltungszuverlässigkeit

Im vorangegangenen Abschnitt wurde ein Vorgehen zur effizienten Ermittlung der aktuellen Transistordegradation in einer Schaltung bezogen auf anliegende Stress-Signale dargestellt. Die Ergebnisse der Analyse werden im Folgenden ausgewertet und unter verschiedenen Einflussfaktoren verglichen. Damit wird die Grundlage für eine Optimierung der Schaltung im Hinblick auf ihre Zuverlässigkeit geschaffen.

Die Schaltung nach Bild 4.26 wurde mit den Eingangsignalen nach Bild 4.27 beaufschlagt. Die Parameterwerte aus Tabelle 4.3 dienten zur Schaltungskonfiguration.

Mit den genannten Parameterwerten ergab sich eine Degradation für den Drainstrom im Sättigungsbereich des NMOS-Transistors im ersten Inverter `INV1_N1` von $\Delta I_{D,\text{sat}} = 5.17\%$.

Damit steht ein quantitatives Maß zur Bewertung der aktuell auftretenden Degradation zur Verfügung. Um das Ziel einer Schaltungsoptimierung unter dem Aspekt der Zuverlässigkeit zu erreichen, wurden im nächsten Schritt Einflussfaktoren auf die erreichbare Zuverlässigkeit der Schaltung untersucht. Insbesondere wurden von den Parameterwerten aus Tabelle 4.3 die Betriebsspannung V_{DD} und die Pulsflanken t_{rise}, t_{fall} variiert.

Tabelle 4.4 zeigt die ermittelten Degradationswerte für verschiedene Parameter der Schaltungskonfiguration. Eine Veränderung der Betriebsspannung wirkt sich auf die

Parameter	Wert
V_{DD}	1.8V
T	27°C
C_{Load}	100fF
f_{Pulse}	40MHz
V_{Pulse}	V_{DD}
t_{rise}	3ns
t_{fall}	t_{rise}
t_{target}	$3 \cdot 10^8$s

Tabelle 4.3: Parameterwerte für die Degradationbestimmung

t_{rise}	V_{DD}	$\Delta I_{D,\text{sat}}$
30ps	1.8V	1.07%
300ps	1.8V	2.13%
3ns	1.8V	5.17%
3ns	1.9V	6.93%
10ns	1.8V	9.33%

Tabelle 4.4: Abhängigkeit der Degradation von der Schaltungskonfiguration

Degradation aus. Der dauerhafte Betrieb einer Schaltung oberhalb der nominalen Betriebsspannung muss demnach sehr genau im Hinblick auf die vertretbare Degradation bewertet werden. Eine standardmäßig erhöhte Betriebsspannung um 5% bewirkt über 10 Jahre eine zusätzliche Degradation von 2%.

Insbesondere die Abhängigkeit vom Parameter Flankensteilheit des Eingangspulses wurde im Detail untersucht. Bild 4.31 stellt diesen deutlich erkennbaren Zusammenhang separat dar. Im doppelt logarithmischen Maßstab ist ein fast linearer Trend zu sehen. Der Hintergrund für diesen Zusammenhang ist offensichtlich: bei der Charakterisierung der HCI-Degradation für die Einzeldevices zeigte sich bereits, dass die Degradation am stärksten unter der Bedingung $V_{GS} = V_{DS}/2$ ist. Diese Bedingung ist nur an den Pulsflanken möglich, wenn die Gate-Source-Spannung bereits angestiegen ist, die Drain-Source-Spannung aber aufgrund von kapazitiven Effekten noch in voller Höhe anliegt. Je flacher die Flanke ausfällt, desto länger hält die kritische Phase für das Device an.

Bild 4.32 zeigt überlagert über die Degradation in den verschiedenen Betriebsbereichen das Stress-Signal am konkreten Transistor. Es ist zu erkennen, dass das Signal auch Arbeitsbereiche durchläuft, die bei dauerhaftem Betrieb zu 10% bis 100% Degradation führen würden. Deshalb ist die detaillierte Analyse, wie lange das Device in den jeweiligen Betriebsbereichen zubringt, von großer Bedeutung. Im Vergleich zwischen zwei Parameterwerten für die Flankensteilheit zeigt sich auch, dass die Flanken für $t_{\text{rise}} = 10$ ns Bereiche mit stärkerer Degradation durchlaufen.

Das Optimierungspotential für die Erhöhung der Zuverlässigkeit der Gesamtschaltung besteht somit darin, durch eine Veränderung der Schaltungsansteuerung steilere Flanken an den Eingangspulsen zu erreichen. Dies kann zum Beispiel durch zusätzliche Eingangsbuffer erfolgen, die ein möglicherweise durch große Leitungslängen verschliffenes Signal wieder rekonstruieren.

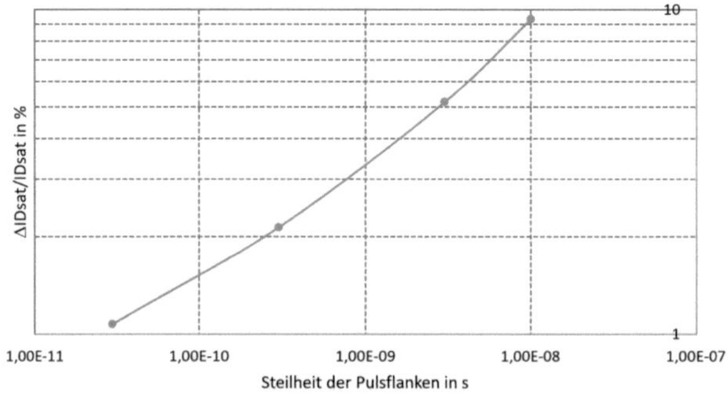

Abbildung 4.31: Abhängigkeit der Degradation von der Flankensteilheit

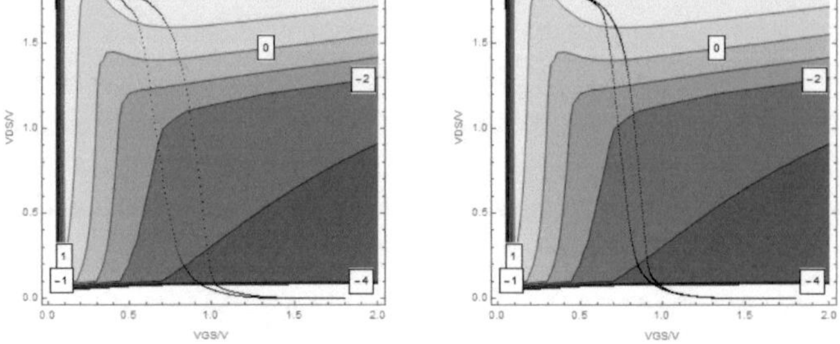

(a) $t_{\text{rise}} = 3\text{ns}$

(b) $t_{\text{rise}} = 10\text{ns}$

Abbildung 4.32: Darstellung der Stressvektoren im SOA-Diagramm

Weitere Möglichkeiten der Schaltungsoptimierung hinsichtlich einer höheren Zuverlässigkeit liegen in einer Veränderung der Transistor-Dimensionierung. Typischerweise zeigen Transistoren mit Minimallänge die stärkste Degradation. Dabei ist jedoch der erhöhte Flächenbedarf durch die größeren Transistoren für eine solche vielfach in komplexen Schaltungen eingesetzte Elementarzelle zu beachten.

4.9 Beurteilung der Systemzuverlässigkeit

Von der Analyse der Lebensdauer eines einzelnen Transistors zur Zuverlässigkeit ganzer Elektroniksysteme, wie sie beispielsweise in einem Fahrzeug vorkommen, ist es ein weiter Weg. Dazu müssen Methoden betrachtet werden, wie die Belastungen des Gesamtsystems in einer Anwendung auf die Last an einem Einzeltransistor herunter gebrochen werden können. Umgekehrt müssen Aussagen zur Belastbarkeit von einzelnen Bauelementen auf komplexere Ebenen zusammengefasst werden, um Maße für die Zuverlässigkeit des Gesamtsystems in der Anwendung angeben zu können.

Neben der Verschiebung des nominalen Verhaltens müssen in die vollständige Betrachtung des Systems auch Parameter-Variationen aufgrund von Fertigungsschwankungen einbezogen werden. Entsprechend sind auch diese Variationen hierarchisch über Abstraktionsebenen zu propagieren, wie im Überblick in Kapitel 2 angedeutet. Einsetzbare Verfahren werden in diesem Kapitel kurz angedeutet.

Die vorliegende Arbeit legt den Schwerpunkt auf die elektrische Alterung integrierter Halbleiter-Bauelemente. Die Zuverlässigkeit des Gesamtsystems wird darüber hinaus von weiteren Degradationsmechanismen und nichtelektrischen Verkopplungen beeinträchtigt. Auch darauf wird in diesem Kapitel eingegangen.

4.9.1 Abstraktion auf Schaltungen und Systeme

Das vorangegangene Kapitel untersuchte im Wesentlichen die Zuverlässigkeit eines Einzeltransistors unter den anliegenden Stressbedingungen in Form von Strom und Spannung an den Terminals. Dies ist eine wichtige Voraussetzung für die Analyse und Bewertung der Zuverlässigkeit komplexer Elektronik-Systeme, aber allein bei Weitem nicht ausreichend.

Bereits auf der Ebene typischer integrierter Analogschaltkreise mit einigen tausend Transistoren wird man nicht mehr jeden einzelnen Transistor und seine Belastung über der Lebensdauer betrachten können. Für komplexe Mixed-Signal-Schaltungen mit signifikantem Digitalteil wird diese Aufgabe immer schwieriger. Spätestens auf der Ebene von Geräten oder Systemen mit einer Vielzahl integrierter Schaltungen sowie Sensoren und Aktoren enden die Möglichkeiten der Betrachtung einzelner Bauelemente.

Eine wichtige Maßnahme, um die Komplexität des Problems zu reduzieren, ist die Eingrenzung der zu betrachtenden Bauelemente. Über eine Empfindlichkeitsanalyse lässt sich prinzipiell untersuchen, welche Bauelemente durch alterungsbedingte Veränderungen ihrer Charakteristiken den größten Einfluss auf die Funktion der gesamten Schaltung haben.

In den bisherigen Betrachtungen wurde anhand eines willkürlichen Kriteriums, wie z.B. 10% Abweichung einer charakteristischen Größe, der Ausfall eines Bauelements definiert. Die Sensitivitätsanalyse betrachtet im Gegensatz dazu den tatsächlichen Einfluss einer geänderten Bauelemente-Charakteristik auf die Änderung einer Schaltungseigenschaft. In sehr empfindlichen Messverstärkern kann beispielsweise das Auseinanderlaufen der Eigenschaften beider Transistoren eines Differenzpaars schon bei deutlich weniger als 10% Abweichung kritisch für die Funktion der Schaltung werden. Degradieren dagegen beide Transistoren im Differenzpaar in gleicher Weise, wirkt sich dies praktisch nicht auf das Verhalten der Schaltung aus.

Sind nun die kritischen Bauelemente gefunden und deren Einfluss auf die Schaltungskenngrößen festgestellt, können die Informationen zusammengebracht werden,

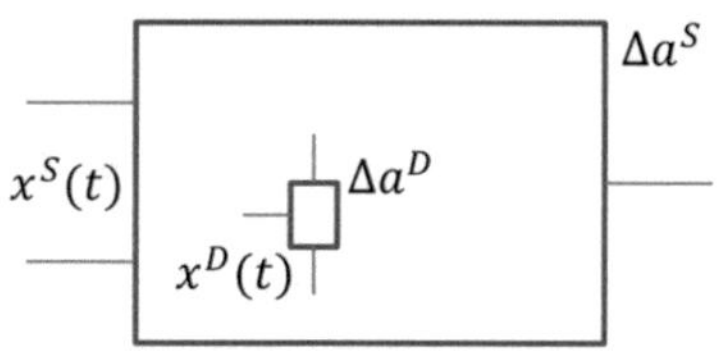

Abbildung 4.33: Übergang von Bauelemente- zu Schaltungsdegradation

um eine hierarchische Abstraktion der Alterungsanalyse vom Transistor- auf die Schaltungsebene vorzunehmen (siehe dazu Bild 4.33):

- per Simulation erhält man für typische Stimuli einer Schaltung $x^S(t)$ die Stressbedingungen an den einzelnen Bauelementen $x^D(t)$

$$x^S(t) \mapsto x^D(t) \tag{4.64}$$

- das Degradationsmodell stellt den Zusammenhang zwischen Stress am Einzeldevice $x^D(t)$ und der sich verändernden Bauelemente-Charakteristik Δa^D her

$$x^D(t) \mapsto \Delta a^D \tag{4.65}$$

- im Ergebnis der Sensitivitätsanalyse ergibt sich ein Ausdruck für die Abhängigkeit der Schaltungseigenschaften Δa^S von variierenden Bauelemente-Eigenschaften Δa^D

$$\Delta a^D \mapsto \Delta a^S \tag{4.66}$$

Damit ist die Kette geschlossen und es steht ein durchgehender Zusammenhang zwischen den Stimuli einer Schaltung $x^S(t)$ und der Veränderung ihrer Eigenschaften Δa^S infolge Alterung der Bauelemente zur Verfügung. Im Ergebnis ist damit ein Degradationsmodell für die Schaltung entstanden. Entscheidend dabei ist, dass eine willkürliche Festlegung von End-of-Life-Kriterien für die Bauelemente nicht verwendet wurde. Stattdessen können nun End-of-Life-Kriterien für die Schaltung festgelegt werden, wie zum Beispiel die minimale Frequenz eines Oszillators oder die maximale Offset-Spannung eines Komparators. Mit diesen Kriterien können nun auch Lebensdauermodelle für die gesamte Schaltung angegeben werden.

Prinzipiell kann die dargestellte Vorgehensweise auf weitere Abstraktionsebenen ausgedehnt werden. So sollte es letztendlich möglich sein, Lebensdauermodelle komplexer Systeme in Abhängigkeit von ihren Betriebsbedingungen aufzubauen. Praktisch werden allerdings nur in Ausnahmefällen simulierbare Modelle und Sensitivitätsaussagen auf allen Hierarchie-Ebenen zur Verfügung stehen.

Ein alternatives Vorgehen besteht darin, umgekehrt vom System auszugehen und eine hierarchische Zerlegung vorzunehmen. Die Zerlegung nach Elementen in Teilsysteme, Komponenten, Blöcke und Bauelemente steht meist aus dem

Entwurfsprozess ohnehin zur Verfügung. Parallel dazu wird eine Zerlegung nach Funktionen in Teilfunktionen und Elementaroperationen auf den Elementen vorgenommen.

Auf jeder Abstraktionsebene sind nun folgende Fragen zu beantworten:

- Welche Teilfunktionen werden zum Ausführen einer übergeordneten Funktion benötigt?
- Zu welchem Anteil an der Gesamtzeit werden die Teilfunktionen ausgeführt?
- Wie viel „Abnutzung“ verursacht die Ausführung einer Elementaroperation auf einem Basiselement?

Die für ein bestimmtes Einsatz-Szenario notwendigen Funktionen werden hierarchisch bis zu Elementaroperationen auf Basiselementen heruntergebrochen. Die Beanspruchung eines Basiselements bei der Ausführung einer Basisoperation kann bereits vorher charakterisiert werden und ist damit bekannt. Somit können nun umgekehrt die Informationen zur Zuverlässigkeit hierarchisch wieder zusammengesetzt werden.

Mit einer solchen - hier nur skizzierten - Vorgehensweise lässt sich schließlich hierarchisch die Zuverlässigkeit und Lebensdauer-Erwartung auch sehr komplexer Systeme systematisch ermitteln.

4.9.2 Weitere zuverlässigkeitsrelevante Effekte

In der vorliegenden Arbeit wurden bisher elektrische Degradationseffekte betrachtet. Diese entstehen durch Verschlechterung der Materialeigenschaften infolge des normalen Betriebs einer elektronischen Schaltung. Darüber hinaus gibt es eine Reihe weiterer Effekte, die die Zuverlässigkeit des Systems beeinflussen und in eine Gesamtbetrachtung einbezogen werden müssen. Einige solcher Einflüsse sollen im Folgenden kurz betrachtet werden.

Hierarchische Modellierung statistischer Variationen

Im Zusammenhang mit der Parameterdrift über der Lebensdauer wurde bisher nur die Abweichung vom Null-Stunden-Wert betrachtet. Dieser Wert ist allerdings aufgrund von Fertigungsschwankungen im Herstellungsprozess für alle Devices verschieden. Für eine Gesamtbetrachtung der Auswirkungen einer Parameterdrift spielt demzufolge auch der Nominalwert für diesen Parameter und dessen statistische Verteilung eine große Rolle. Zum einen ist die Größenordnung zu betrachten, in der sich die statistische Streuung der Null-Stunden-Werte und die Drift über der Lebensdauer bewegen. Andererseits müssen im ungünstigsten Fall die Extremwerte der Verteilung für die Null-Stunden-Werte und ihre Drift über der Lebensdauer aufaddiert werden.

Für die Betrachtung statistischer Parametervariationen aufgrund von Schwankungen im Fertigungsprozess sind eine Reihe von Methoden in den letzten Jahrzehnten erforscht worden [34]. Vornehmlich haben diese im Entwurf digitaler Schaltungen Einzug gehalten, wo heute neben den Nominal-Devices und -Zellen typischerweise von den Foundries auch Corner-Modelle bezüglich Geschwindigkeit (slow/fast) und bezüglich Stromaufnahme angeboten werden. Sie dienen unter anderem als Grundlage für eine Statische Timinganalyse (STA). Auch an der Erweiterung auf eine sogenannte Statistische Statische Timinganalyse (SSTA), bei der anstelle von Corner-Modellen die tatsächlichen Verteilungen betrachtet werden, wird seit Jahren gearbeitet.

Im Bereich analoger Schaltungen beschränkt sich die Betrachtung von Parametervariationen auf die Ebene von Einzel-Devices. Auch hier ist die Arbeit mit Corner-Modellen eher verbreitet als die Verwendung tatsächlicher statistischer Verteilungen, wobei die Verwendung von „fast“- und „slow“-Modellen eher symbolischen Charakter hat, da in Analogschaltungen die Geschwindigkeit nur einer von vielen zu betrachtenden charakteristischen Werten ist. In der Entwurfsoptimierung und -zentrierung werden natürlich die vollständigen Parameterverteilungen benötigt.

In aktuellen Entwurfsumgebungen für analoge Schaltungen sind die Möglichkeiten sehr begrenzt, beliebige statistische Parameterverteilungen inklusive der Korrelationen vollständig und korrekt zu beschreiben. Dazu würden auch nichtnormalverteilte Größen und deren Korrelationen zwischen Parameter eines Bauelements sowie zwischen gleichen Parametern verschiedener Bauelemente gehören. Derzeit können üblicherweise nur normalverteilte und gleichverteilte Parameter mit Korrelationen abgebildet werden.

Es gibt Forschungsarbeiten, die sie damit befassen, auf Basis von verallgemeinerten Lambda-Verteilungen (*Generalized lambda distributions — GLD*) beliebig verteilte und korrelierte Größen zu beschreiben [99]. Die dargestellte Methode lässt sich sowohl auf die Beschreibung der Parametervariationen von Bauelementen als auch für die Abstraktion auf höhere Beschreibungsebenen anwenden [98]. Eine vereinfachte Trennung in lokale und globale Variationen, wie sie auf Bauelemente-Ebene üblich ist, hat auf der Ebene von Schaltungsblöcken keine Bedeutung mehr. Es sind tatsächlich die vollständigen Verteilungen und Korrelationen bei der Modellierung zu berücksichtigen.

Zuverlässigkeit der Aufbau- und Verbindungstechnik

Neben der elektrischen Zuverlässigkeit, die bisher vorrangig betrachtet wurde, gibt es viele andere Degradationseffekte, die mit in die Zuverlässigkeit des Gesamtsystems eingehen. Gerade der Aufbau- und Verbindungstechnik kommt bei der Bewertung der Gesamtzuverlässigkeit eine sehr große Bedeutung zu.

Ausfälle von Halbleiterelektronik sind zu einem großen Prozentsatz durch Probleme in der Aufbau- und Verbindungstechnik verursacht, wie zum Beispiel

- Delamination von Schichten
- Risse im Material
- gelöste Bondverbindungen

Ursache dafür können unter anderem thermische und mechanische Verspannungen, Vibrationen und Schock sein. Viele Forschergruppen beschäftigen sich mit dieser Thematik [56,149,163]. Deren Ziel ist die Verbesserung von Charakterisierungs- und Testverfahren, um damit die eingesetzten Materialien und deren Kombinationen abzusichern. Wichtig dabei ist immer, das Gesamtsystem bestehend aus Die, Leadframe, Bondwires, Package, Leiterplatte usw. zu betrachten.

Unter dem Thema Chip-Package-Interaction (CPI) werden auch komplexe Wechselwirkungen von der elektrischen Verlustleistung im Chip über die resultierende Erwärmung, den dabei entstehenden mechanischen Stress und schließlich die Rückwirkung auf das elektrische Verhalten untersucht.

Eine Nutzung solcher Zusammenhänge im Schaltungsentwurf durch Generierung und Einbeziehung entsprechender Modelle im Designsystem ist jedoch wiederum nicht Stand der Technik. Hier gilt es, zukünftig weitere Hürden auf dem Weg zu einem durchgängigen und — wo möglich — automatisierten Entwurfsablauf abzubauen. Dies gilt umso mehr in zukünftigen hochkomplexen Anwendungen, bei denen extrem skalierten Technologien auf innovative Integrationskonzepte, wie Interposer-basiertes 2,5-D- oder echtes 3-D-Stacking treffen.

Elektrothermisch gekoppelte Modellierung und Simulation

An verschiedenen Stellen in der vorliegenden Arbeit tauchte bereits die Temperatur als ein wichtiger Einflussfaktor für viele Alterungsvorgänge auf. Eine Reihe von Zuverlässigkeitsthemen stehen in unmittelbaren Zusammenhang mit der lokalen Wärme-Entwicklung:

- die elektrische Verlustleistung im Bauelement kann bei ungenügender Wärmeabfuhr zu lokaler Überhitzung und Schäden in den Materialien führen,
- aufgrund verschiedener Ausdehnungskoeffizienten (*coefficient of thermal expansion* — *CTE*) der unterschiedlichen Werkstoffe kommt es zu lokalen Verspannungen und Schädigungen an Materialgrenzen
- viele elektrische Degradationsvorgänge, wie beispielsweise NBTI/PBTI und Elektromigration, sind stark temperaturabhängig und werden typischerweise mit höheren Temperaturen beschleunigt

Auf der Ebene von Einzelbauelementen stehen leistungsfähige TCAD-Simulatoren (Synopsys SDevice, Silvaco, ...) zur Berechnung von lokalen Temperaturen bereit. Mit Hilfe von FEM-Rechnungen können diese Werkzeuge bei entsprechender Vermaschung sehr genau die Temperaturen beispielsweise im aktiven Gebiet eines Transistors vorhersagen. Aufgrund der sehr hohen örtlichen Auflösung des Einzelbauelements können mit dieser Methode nur sehr wenige Devices gleichzeitig betrachtet werden.

Am anderen Ende der Abstraktionsskala werden komplette ICs auf einer Leiterplatte, bei Bedarf mit passiver oder aktiver Kühlung sowie Umgebungsbedingungen, wie Gehäuse oder externe Wärmequellen, betrachtet. Auch hierfür sind zugeschnittene Software-Werkzeuge am Markt verfügbar (FloTherm, Docea, ANSYS, COMSOL, ...). Auch diese arbeiten FEM-basiert, allerdings mit einer niedrigeren geometrischen Auflösung.

Zwischen diesen beiden Extremen liegt die Simulation von Schaltungen auf einem Chip. Die Unterstützung durch Simulationswerkzeuge auf dieser Ebene ist für den Schaltungsentwickler nicht sehr groß. TCAD-Tools können mit der Komplexität ganzer Schaltungen nicht umgehen, Tools wie FloTherm lösen nicht die einzelnen Bauelemente auf dem Chip auf.

SPICE-ähnliche Simulatoren auf Schaltungsebene (Spectre, Eldo, HSpice, ...) haben im allgemeinen die Möglichkeit, für jedes Device eine eigene Temperatur zu annotieren. Es gibt jedoch kaum eine Möglichkeit, diese Temperatur mit wenig Aufwand im Designsystem zu ermitteln. Eine weitere Limitation der Schaltungssimulatoren besteht darin, dass diese Temperatur für die gesamte Dauer der Simulation konstant ist. Die Temperaturdifferenz jedes Bauelements zur Umgebung wird über einen Modellparameter spezifiziert, der während der gesamten Simulationsdauer fix ist.

Um die Temperatur während der Simulation dynamisch ändern zu können, ist ein thermisches Pin am Transistormodell notwendig. Für das weit verbreitete Modell BSIM3v3 ist dies nicht vorhanden. Erst für neuere SOI-Technologien wurde mit BSIMSOI4v4 ein entsprechendes Modell mit thermischem Pin bereitgestellt. Das wirft natürlich die Frage auf, woher die Netzwerke für die thermische Verkopplung zwischen den einzelnen Bauelementen kommen.

Für die Erzeugung des thermischen Koppelnetzwerks gibt es grundsätzlich zwei Möglichkeiten. Einerseits kann die grundsätzliche Struktur der Kopplung mit resistiven und kapazitiven Elementen vorgegeben werden. Dann besteht die Aufgabe darin, die Parameter dieser Elemente anzupassen. Die Parameteroptimierung inklusive geometrischer Abhängigkeiten erfolgt anhand von Messungen an elementaren Teststrukturen. Anschließend sind entsprechende Strukturen auf dem realen Chip zu erkennen.

Ein alternativer Ansatz besteht darin, den gesamten Chip zu diskretisieren und ähnlich einem FEM-Ansatz jedem finiten Element eine konstante Temperatur sowie thermische Leitfähigkeit und thermische Kapazität zuzuordnen [157]. Der Austausch von Temperatur und Wärmestrom erfolgt an den Schnittstellen zwischen den Elementen. Um sehr feine Strukturen, wie den Kanal eines Transistors mit einer Dicke von wenigen Nanometern auflösen zu können, ist eine sehr feine Diskretisierung notwendig, was zu einer großen Zahl an Elementen führt. Ein Weg, die Komplexität des entstehenden Problems zu reduzieren, ist die Modell-Ordnungsreduktion (MOR). Das reduzierte System ist als Verhaltensmodell oder überführt in ein äquivalentes Netzwerk in die elektrische Simulation zwischen den thermischen Pins der Devices einzufügen. Dieses Verfahren beruht auf Analogien zwischen der elektrischen und der thermischen Domäne. Wärmestrom und Temperatur werden in die äquivalenten elektrischen Größen Strom und Spannung überführt, entsprechend sind auch die Basiselemente Widerstand und Kapazität definiert [78, 81].

Bei der dargestellten Vorgehensweise wurde das thermische Netzwerk unmittelbar in das elektrische Netzwerk mit der Ziel einer gemeinsamen Simulation integriert. Eine solche sehr enge Kopplung beider Netzwerke ist dann angebracht, wenn die Zeitkonstanten in elektrischer und thermischer Domäne in der gleichen Größenordnung liegen. Beispielsweise bei der Ansteuerschaltung für einen Fahrzeug-Blinkgeber wird dies der Fall sein.

In vielen anderen Anwendungsbereichen werden die Zeitkonstanten weit auseinander liegen. In der Kommunikationstechnik beispielsweise arbeitet die Elektronik im Mega- oder Gigahertz-Bereich. Die elektrischen Zeitkonstanten bewegen sich demnach im Mikro- oder Nanosekunden-Bereich. In einem solchen Zeitbereich kann die Temperatur als konstant angesehen werden oder ändert sich zumindest nur auf extrem kurzen geometrischen Reichweiten. Für derartige Anwendungen ist eine enge Kopplung zwischen Elektrik und Thermik nicht notwendig, sondern hinderlich, da die elektrische Simulation durch das thermische Netz verlangsamt wird, obwohl sich daraus praktisch keine Konsequenzen ergeben. Daher ist es in diesem Fall besser, wieder mit verschiedenen Zeitachsen zu arbeiten:

- zunächst wird in einer kurzen elektrischen Simulation mit typischen Eingangsmustern der Leistungsumsatz während dieser Zeit bestimmt
- unter der Annahme einer periodischen Fortsetzung der elektrischen Simulation wird der Leistungsverbrauch über viele Perioden gemittelt
- dieser Input geht an die thermische Simulation, mit deren Hilfe neue Temperaturen für die Schaltung ausgerechnet werden
- die Temperaturen werden zurück an die Schaltung annotiert, wo sie für die nächste kurze elektrische Simulation als konstant anzusehen sind
- die elektrische Simulation berechnet mit den aktualisierten Temperaturen einen neuen Arbeitspunkt und damit auch einen neuen Leistungsumsatz

Eine solche lose Kopplung zwischen elektrischer und thermischer Simulation (auch „Ping-Pong-Simulation") [78, 170] benötigt nicht die vorher beschriebene Generierung eines thermischen Netzwerks und keine Bauelemente-Modelle mit thermischen Pins. Dafür wird eine Kopplung zweier Simulatoren benötigt, die durch einen übergeordneten Algorithmus zu steuern ist.

Für eine Berücksichtigung tatsächlicher Temperaturen in der elektrischen Simulation stehen demnach eine Reihe von Modellierungs- und Simulationsansätzen bereit. Es hängt von der jeweiligen Anwendung und der zu beantwortenden Fragestellung ab, welcher Ansatz am besten geeignet ist und mit möglichst wenig zusätzlichem Aufwand die elektrothermische Verkopplung möglichst gut abbildet.

4.9.3 Halbleiter-Qualifizierung für sicherheitskritische Anwendungen

Von der Automobil-Industrie wird heute gerne eine Ausfallrate von 0 ppm (*„zero ppm"*) gefordert. Theoretisch besitzt jede Ausfallverteilung auch in den *Tails* zwar sehr kleine aber von Null verschiedene Ausfallraten. Im Prinzip verbirgt sich dahinter die Neuauflage von Qualitätsprogrammen, die schon in den 60er Jahren unter der Bezeichnung **Zero Defect** etabliert wurden [6]. Letztlich geht es um die Verbesserung sämtlicher Prozesse eines Unternehmens mit dem Ziel, dass während der üblichen Lebensdauer eines Fahrzeugs praktisch keine Ausfälle durch die elektronischen Komponenten auftreten sollen.

Wichtig in diesem Zusammenhang sind auch die Konsequenzen für die Qualifizierung einer Halbleitertechnologie. Für die Absicherung der Zuverlässigkeit einer Technologie wird oft eine bestimmte Ausfallrate spezifiziert. Die geforderten ppm sicherzustellen, entspricht der Vorhersage extrem seltener Ereignisse. Dazu reicht es nicht, wenige Bauelemente zu untersuchen und die Gerade im Weibull-Plot einfach zu verlängern. Es muss eine der Ausfallrate angemessene Anzahl von Bauelementen untersucht werden. In praktischen Untersuchungen an Interconnect-Strukturen zeigte sich, dass im Bereich sehr kleiner Ausfallraten ein anderer Anstieg der Geraden im Weibull-Plot auftritt [45]. Dies lässt auf eine bimodale Verteilung der Ausfallwahrscheinlichkeit schließen und lässt sich nur über eine große Anzahl von Teststrukturen herausfinden.

Gängige Standards (JEDEC, AEC-Q) zur Absicherung der Zuverlässigkeit im Automobil verlangen heute die Untersuchung von $3 \cdot 77$ Einheiten [1]. Hier sind zukünftig Anpassungen der Standards erforderlich, um mit der Qualifizierung der Halbleitertechnologien dem ständig wachsenden Komplexitätsgrad und den gestiegenen Zuverlässigkeitsanforderungen Rechnung zu tragen.

5 Zusammenfassung der Ergebnisse und Ausblick

5.1 Zusammenfassung zur Degradationsabschätzung

Die dargestellte Methodik zur Degradationsabschätzung dient hauptsächlich dazu, vorhandene Informationen auf verschiedenen Ebenen zusammenzubringen: einerseits werden die Fähigkeiten einer Technologie in Bezug auf ihre Zuverlässigkeit erfassbar gemacht. Zum anderen werden tatsächliche Anforderungen aus Nutzungsszenarien einer Anwendung in der Analyse verwendet. Ziel ist die realistische Abschätzung der Lebensdauer unter Applikationsbedingungen. Gleichzeitig wird die Marge zu technologischen Grenzen quantifizierbar, aber auch kostspieliges Überdesign vermieden.

Die Fähigkeiten einer Technologie, auftretende Stressanforderungen zu tolerieren und dennoch gegebene Lebensdauerziele zu erreichen, lassen sich durch SOA-Diagramme bzw. Beschleunigungsmodelle ausdrücken. In der vorliegenden Arbeit wurde gezeigt, wie solche Beschleunigungsmodelle beispielsweise durch Umstellung eines Degradationsmodells aus der Device-Charakterisierung hergeleitet werden können. Die Abstraktion dieser Zuverlässigkeits-Informationen auf höhere Beschreibungsebenen ist eine der großen Herausforderungen, dic hier ebenfalls angerissen wurde.

Auf der anderen Seite steht als Aufgabe die Erfassung von Last-Anforderungen aus der geplanten Anwendung. Hierfür wurde die Beschreibung mit Hilfe von Mission Profiles im Detail vorgestellt. Auch diese können auf verschiedenen Abstraktionsebenen eingeführt werden, um einen anliegenden Stress zu charakterisieren:

von der Stressverteilung innerhalb einer Simulationsperiode bis hin zu typischen Last-Verteilungen über der geplanten Lebensdauer. In den Beispielen der Arbeit wurden Stress-Profile auf Ebene der Schaltungssimulation verwendet. Die Umwandlung der Anforderungsbeschreibung zwischen Abstraktionsebenen ist ebenso eine große Herausforderung für den breiten Einsatz der dargestellten Methoden in der Praxis.

In der vorliegenden Arbeit wird ein methodischer Ansatz vorgestellt, bei dem bekannte Verfahren der Lebensdaueranalyse auf die Bewertung der Zuverlässigkeit von integrierten Schaltungen angewendet werden. Dieser Ansatz wird anhand der Analyse und Optimierung der Lebensdauer einer einfachen Schaltung gezeigt. Das Potential der Methodik steckt in der Anwendung auf verschiedenen Ebenen mit dem Ziel der Zuverlässigkeitsbewertung für komplexe Elektroniksysteme. Dafür sind künftig weitere Verfahren erforderlich, um die Übergänge und Schnittstellen zwischen verschiedenen Ebenen zu gestalten. Damit können die Informationen zwischen Ebenen und zwischen Partnern transportiert werden, welche Zuverlässigkeit bei welchem Stress erreichbar ist und welcher Stress in einem Lastszenario tatsächlich anliegt.

5.2 Technology-aware Design

Als Schlussfolgerung aus den Ausführungen der vorliegenden Arbeit sollte ein künftiger Entwicklungsprozess für integrierte Schaltungen und Systeme noch stärker als bisher technologisch bedingte Effekte berücksichtigen (siehe Bild 5.1).

Eine Vielzahl solcher Effekte, die ihre Ursachen im nichtidealen Verhalten der verwendeten Materialien und Technologien haben, wurden aufgezeigt. Der Schwerpunkt lag insbesondere auf Effekten, die die Lebensdauer aufgrund von elektrischen Degradationsmechanismen beeinflussen. Aber auch weitere Technologie-bedingte Einflüsse auf das Schaltungsverhalten, wie thermische Wechselwirkungen, Prozessvariationen, parasitäre Verkopplungen und Packaging-Effekte wurden erwähnt.

In jedem Falle liegen die Ursachen auf physikalischer Ebene, weshalb die Effekte dort zunächst verstanden werden müssen. Davon ausgehend lassen sich die Auswirkungen auf das Verhalten von Bauelementen, Schaltungen, Teilsystemen und Systemen in Form von Abweichungen vom Sollverhalten untersuchen. Die Funktion

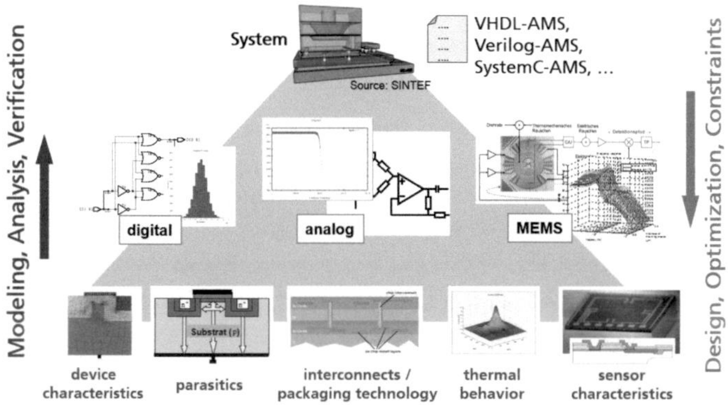

Abbildung 5.1: Berücksichtigung von technologischen Effekten im gesamten Entwurfsablauf

des Gesamtsystems muss trotzdem unter allen Randbedingungen sichergestellt sein, worunter sowohl Herstellungs- als auch Betriebsbedingungen zu verstehen sind.

Ausgehend vom Verständnis der physikalischen bzw. technologischen Effekte werden die relevanten Zusammenhänge in Modelle abgebildet. Diese ermöglichen eine Analyse der Auswirkungen zunächst auf das Schaltungsverhalten und später auch auf das Systemverhalten sowie eine Verifikation der Funktion bezüglich der Spezifikation.

Umgekehrt ist es aber auch hilfreich, aus der Spezifikation bereits Randbedingungen für den Entwurf abzuleiten. Typische Einsatzszenarien, Häufigkeitsverteilungen von Lastfällen und Eingrenzung von gleichzeitig möglichen Extremfällen sind wichtiger Input für die Auslegung und Optimierung von Systemkomponenten. Deren rechtzeitige Berücksichtigung im Entwurfsprozess vor dem ersten Silizium bedeutet eine signifikante Kosteneinsparung.

Somit führt eine enge und frühzeitige Einbeziehung von Informationen über technologisch bedingte Effekte in den Entwurfsprozess, wie in der Arbeit vorgeschlagen, zu zwei wesentlichen positiven Auswirkungen:

- einerseits wird das Entwurfsergebnis verbessert, indem vorhandene Grenzen der Technologie berücksichtigt sind und Wechselwirkungen über physikalische Domänen hinweg einbezogen werden
- andererseits kann unnötiger Aufwand aufgrund von teuren Redesign-Zyklen oder Vorhalt nicht notwendiger Reserven im Design vermieden werden

Eine solche Arbeitsweise lässt sich als Technology-aware Design bezeichnen und wird künftig in verstärktem Maße das Vorgehen von Entwerfern von integrierten Schaltungen und Systemen prägen.

Literaturverzeichnis

[1] AEC. Q100 Failure Mechanism based Stress Test Qualification for Integrated Circuits, Revision H, September 11, 2014.

[2] G. Alers. Back end reliability [IC interconnections]. In *IEEE International Integrated Reliability Workshop*, page 144, 2005.

[3] B.A.A Antao and F.M. El-Turky. Automatic Analog Model Generation For Behavioral Simulation. In *Proc. Custom Integrated Circuits Conference*, pages 12.2.1–12.2.4, New York, NY, 1992. IEEE.

[4] K. Antreich, J. Eckmueller, H. Graeb, M. Pronath, F. Schenkel, R. Schwencker, and S. Zizala. WiCkeD: analog circuit synthesis incorporating mismatch. In *Proceedings of the IEEE 2000 Custom Integrated Circuits Conference*, pages 511–514, Piscataway, NJ, 2000. IEEE Operations Center.

[5] H. Aono, E. Murakami, K. Okuyama, A. Nishida, M. Minami, and Y. Kubota K. Ooji. Modeling of NBTI Degradation and its Impact on Electric Field Dependence of the Lifetime. In *Proceedings 42nd annual IEEE International Reliability Physics Symposium (IRPS)*, pages 23–27, Piscataway, NJ, 2004. IEEE Service Center.

[6] ASSISTANT SECRETARY OF DEFENSE WASHINGTON DC*. *A Guide to Zero Defects. Quality and Reliability Assurance Handbook 4155.12-H.* Defense Technical Information Center, 1965.

[7] Martin Barke. *Aging Aware Robustness Validation of Digital Integrated Circuits.* Dissertation, Technische Universität München, München, 11.11.2014.

[8] Jens Bastian, Sven Reitz, Joachim Haase, Peter Schneider, and Peter Schwarz. Automatische Generierung von Verhaltensmodellen für mechanische und thermische Teilsysteme unter Verwendung von Ordnungsreduktionsverfahren.

In *ASIM Symposium Simulationstechnik: Sept 2002*, pages 464–470, Rostock, 2002.

[9] Andreas Bauer. Efficient algorithms for the computation and application of Volterra kernels in the behavior analysis of nonlinear circuits and systems. In Finbarr O'Regan, editor, *Proceedings of the 2005 European Conference on Circuit Theory and Design, 2005*, Piscataway, NJ, 2005. IEEE Operations Center.

[10] Joseph B. Bernstein, Moshe Gurfinkel, Xiaojun Walters Jörg Li, Yoram Shapira, and Michael Talmor. Electronic circuit reliability modeling. *Microelectronics Reliability*, 46:1957–1979, 2006.

[11] B. Bertsche. *Reliability in automotive and mechanical engineering: Determination of component and system reliability.* Springer, Berlin, 2008.

[12] Roland E. Best. *Phase-locked loops: Design, simulation, and applications; [including CD with PLL design and simulation software].* McGraw-Hill, New York, NY, 6. edition, 2007.

[13] C. Bestory, F. Marc, and H. Levi. Statistical analysis during the reliability simulation. *Microelectronics Reliability*, 47(9-11):1353–1357, 2007.

[14] R.J Binns. High-level design of analogue circuitry using an analogue hardware description language. In IEE, editor, *IEE Colloquium on Mixed-Signal AHDL/VHDL Modelling and Synthesis*, page 3, London, UK, 1997.

[15] Alessandro Birolini. *Reliability Engineering: Theory and Practice.* Springer Verlag Berlin Heidelberg, 7th edition, 2014.

[16] J. R. Black. Electromigration failure modes in aluminum metallization for semiconductor devices. *Proceedings of the IEEE*, 57(9):1587–1594, 1969.

[17] I. A. Blech. Electromigration in thin aluminum films on titanium nitride. *Journal of Applied Physics*, 47(4):1203–1208, 1976.

[18] Carsten Borchers. Symbolic Behavioral Model Generation of Nonlinear Analog Circuits. *IEEE Transactions on Circuits and Systems—II: Analog and Digital Signal Processing*, 45(10):1362–1371, 1998.

[19] G. R. Boyle, D. O. Pederson, B. M. Cohn, and J. E. Solomon. Macromodeling of integrated circuit operational amplifiers. *IEEE Journal of Solid-State*

Circuits, 9(6):353–364, 1974.

[20] Giorgio Casinovi and Alberto Sangiovanni-Vincentelli. A Macromodeling Algorithm for Analog Circuits. *IEEE Transactions on Computer-Aided Design*, 10(2):150–160, 1991.

[21] Tone F. Chen, Bruce W. McGaughy, and Chenming Hu. Statistical Variation of NMOSFET Hot-Carrier Lifetime and its Impact on Digital Circuit Reliability. In *Proceedings of International Electron Devices Meeting*, pages 29–32, Piscataway, NJ, 1995. IEEE Service Center.

[22] J. Y. Choi, Ping Keung Ko, and Chenming Hu. Hot-Carrier-Induced MOSFET Degradation Under AC Stress. *IEEE Electron Device Letters*, 8(8):333–335, 1987.

[23] E. Christen and K. Bakalar. VHDL-AMS – A Hardware Description Language for Analog and Mixed-Signal Applications. *IEEE Trans. CAS-II*, 46(10):1263–1272, 1999.

[24] Ernst Christen, David Bedrosian, and Joachim Haase. Statistical Modeling with VHDL-AMS. In *Forum on Design Languages, FDL '07: Sept. 2007*, Barcelona, 2007.

[25] C. Clauß, J. Haase, R. Jancke, A. Köhler, P. Schneider, and P. Schwarz. A tool-box approach to hybrid symbolic-numerical modeling. In *Proceedings SM2ACD '08, Xth International Workshop on Symbolic and Numerical Methods, Modeling and Applications to Circuit Design*, Ilmenau, 2008. IMMS.

[26] C. Clauß, J. Haase, P. Schwarz, and P. Trappe. Makromodellierung gemischt analog-digitaler Schaltungen. In *Entwicklung von Analogschaltungen mit CAE-Methoden mit dem Schwerpunkt Analoge Systemtechnik*, 1993.

[27] Zhi Cui. *Modeling and Simulation of Long Term Degradation and Lifetime of Deep-submicron MOS Device and Circuit.* PhD thesis, University of Central Florida, Orlando, Florida, 2005.

[28] J. Curry, G. Fitzgibbon, Y. Guan, R. Muollo, G. Nelson, and A. Thomas. New Failure Mechanisms in Sputtered Aluminum-Silicon Films. In *Reliability Physics Symposium*, pages 6–8, 1984.

[29] Walter Daems, Georges Gielen, and Willy Sansen. Simulation-Based Generation of Posynomial Performance Models for the Sizing of Analog Integrated Circuits. *IEEE Transactions on Computer-Aided Design of Integrated Circuits and Systems*, 22(5):517–534, 2003.

[30] B. E. Deal, M. Sklar, A. S. Grove, and E. H. Snow. Characteristics of the Surface-State Charge (Qss) of Thermally Oxidized Silicon. *Journal of The Electrochemical Society*, 114(3):266, 1967.

[31] Maria del Mar Hershenson, Stephen P. Boyd, and Thomas H. Lee. Optimal Design of a CMOS Op-Amp via Geometric Programming. *IEEE Trans. CAD Integrated Circuits and Systems*, 20(1), 2001.

[32] Cyril Desclèves, Mark Hagan, and Wenping Wang. Joint Design–Reliability Flows and Advanced Models Address IC-Reliability Issues, White Paper, Published in Planet Analog, 2009.

[33] Andre Baguenier Desormeaux, Alvin Chen, Ping Chen, Wei Chen, Bruce McGaughy, Fuchen Mu, John Qian, Lifeng Wu, Stefan Wuensche, Chune-Sin Yeh, and Matt Zhang. Reliability Simulation in Integrated Circuit Design. In *International Cadence User Group Conference*, 2003.

[34] Manfred Dietrich and Joachim Haase, editors. *Process Variations and Probabilistic Integrated Circuit Design.* Springer Science+Business Media LLC, New York, NY, 2012.

[35] DIN. Zuverlässigkeit – Begriffe, Beuth-Verlag Berlin, Edition 12, 40041, 1990.

[36] A. Doboli. Behavioral Modeling for High-Level Synthesis of Analog and Mixed-Signal Systems From VHDL-AMS. *IEEE Trans. CAS*, 22(11):1504–1520, 2003.

[37] Alex Doboli and Ranga Vemuri. Towards a Specification Notation for High-Level Synthesis of Mixed-Signal and Analog Systems. In *Proceedings of the IEEE/ACM International Workshop on Behavioral Modeling and Simulation*, pages 109–116, Los Alamitos and Calif, 2000. IEEE Computer Society.

[38] Paul A. Duran. *A practical guide to analog behavioral modeling for IC system design.* Kluwer Academic Publishers, Boston and Mass. [u.a.], 1998.

[39] Karsten Einwich, Joachim Haase, Rico Prescher, and Peter Schwarz. Makromodellierung für Mixed-Signal-Schaltungen. *Mikroelektronik + Mikrosystemtechnik*, 9(4):20–25, 1995.

[40] R.L Ewing. Technology road map to methodologies for mixed-signal system design and simulation. *Analog Integrated Circuits and Signal Processing*, 20(3):213–225, 1999.

[41] Peter Feldmann. Model order reduction techniques for linear systems with large numbers of terminals. In *Proceedings DATE*, Los Alamitos and Calif, 2004. IEEE Computer Soc.

[42] Yongfeng Feng and Alan Mantooth. Algorithms for Automatic Model Topology Formulation. *IEEE Transactions on Computer-Aided Design of Integrated Circuits and Systems*, 28(4):502–515, 2009.

[43] R. G. Filippi, P. C. Wang, A. Brendler, P. S. McLaughlin, J. Poulin, B. Redder, J. R. Lloyd, and J. J. Demarest. The effect of a threshold failure time and bimodal behavior on the electromigration lifetime of copper interconnects. In *2009 IEEE International Reliability Physics Symposium (IRPS)*, pages 444–451, 2009.

[44] R. Frevert, J. Haase, R. Jancke, U. Knöchel, P. Schwarz, R. Kakerow, and M. Darianian. *Modeling and simulation for RF system design*. Springer, Dordrecht, 2005.

[45] Martin Gall, Meike Hauschildt, and Richard Hernandez. Large-scale statistical analysis of early failures in Cu electromigration, Part II: Scaling behavior and short-length effects. *Journal of Applied Physics*, 108(1):013524, 2010.

[46] Arthur Gelb and Wallace E. Vander Velde. *Multiple-Input Describing Functions and Nonlinear System Design*. McGraw-Hill Electronic Science Series. McGraw-Hill Book Company, 1968.

[47] G. Gielen, P. Wambacq, and W. Sansen. Symbolic analysis methods and applications for analog circuits: a tutorial overview. *Proc. IEEE*, 82(2):287–304, 1994.

[48] G. Rutenbar R. Gielen. Computer-aided design of analog and mixed-signal integrated circuits. *Proc. IEEE*, 88(12):1825–1854, 2000.

[49] Georges G. E. Gielen. Design and modeling tools for analog/RF circuits in mixed-signal integrated systems on chip. In *Forum on Design Languages, FDL 2002*, 2002.

[50] Georges G. E. Gielen. CAD tools for embedded analogue circuits in mixed-signal integrated systems on chip. *IEE Proceedings*, 152(3):317–332, 2005.

[51] Georges G. E. Gielen, Herman Walscharts, and Willy M. C. Sansen. ISAAC: A symbolic simulator for analog integrated circuits. *IEEE Journal on Solid-State Circuits*, 24(6):1587–1597, 1989.

[52] Kay-Uwe Giering, Christoph Sohrmann, Gerhard Rzepa, Leonhard Heiss, Tibor Grasser, and Roland Jancke. NBTI modeling in analog circuits and its application to long-term aging simulations. In *IEEE International Integrated Reliability Workshop Final Report (IIRW)*, pages 29–34, 2014.

[53] G. Gildenblat, X. Li, H. Wang, W. Wu, R. van Langevelde, A.J Scholten, G.D.J Smit, and D.B.M Klaassen. Introduction to PSP MOSFET Model. In *Workshop on Compact Modeling WCM 2005*. Nano Science and Technology Institute, 2005.

[54] Jung-Suk Goo and et al. An analytical model for hot-carrier-induced degradation of deep-submicron n-channel LDD MOSFETs. *Solid-state electronics*, 38(6):1191–1196, 1995.

[55] Armin Gottschalk. *Qualitäts- und Zuverlässigkeitssicherung elektronischer Bauelemente und Systeme: Methoden - Vorgehensweisen - Voraussagen*, volume 325 of *Kontakt & Studium*. expert-Verlag, Renningen, 2. edition, 2010.

[56] A. Grams, C. Ehrhardt, J. Jaeschke, A. Middendorf, O. Wittler, and K. D. Lang. Simulation of the Lifetime of Wire Bonds Modified through Wedge Trenches for Higher Reliability. In *9th International Conference on Integrated Power Electronics Systems // CIPS 2016*, volume 148, CD-ROM of *ETG-Fachbericht*, pages 1–4, Berlin and Offenbach, 2016. VDE Verlag.

[57] T. Grasser, B. Kaczer, W. Goes, Th. Aichinger, Ph. Hehenberger, and M. Nelhiebel. A two-stage model for negative bias temperature instability. In *IEEE International Reliability Physics Symposium (IRPS)*, pages 33–44, Piscataway, NJ, 2009. IEEE.

[58] T. Grasser, H. Reisinger, P.-J. Wagner, F. Schanovsky, W. Goes, and B. Kaczer. The time dependent defect spectroscopy (TDDS) for the characterization of the bias temperature instability. In *IEEE International Reliability Physics Symposium*, pages 16–25, 2010.

[59] Tibor Grasser, Ben Kaczer, Wolfgang Goes, Hans Reisinger, Thomas Aichinger, Philipp Hehenberger, Paul-Jürgen Wagner, Franz Schanovsky, Jacopo Franco, María Toledano Luque, and Michael Nelhiebel. The Paradigm Shift in Understanding the Bias Temperature Instability: From Reaction–Diffusion to Switching Oxide Traps. *IEEE Transactions on Electron Devices*, 58(11):3652–3666, 2011.

[60] J. R. Greenbaum. Make linear models of op amps. *Electronic Design*, 17(19):92–96, 1969.

[61] C. Grimm, R. Jancke, L. Hedrich, S. Huss, and H. Gräb. Struktursynthese von Analogen und Mixed-Signal Schaltungen: Schwarze Magie? In *Tagungsband edaWorkshop 07*, Berlin, 2007. VDE-Verlag.

[62] Chr. Grimm, W. Heupke, and K. Waldschmidt. Refinement of Mixed-Signal Systems with Affine Arithmetic. In *Proceedings DATE*, Los Alamitos and Calif, 2004. IEEE Computer Soc.

[63] T. Halfmann and T. Wichmann. Overview of Symbolic Methods in Industrial Analog Circuit Design, Reports of Fraunhofer ITWM, no. 44, Kaiserslautern, 2003.

[64] Ramesh Harjani, Rob A. Rutenbar, and L. Richard Carley. OASYS: A framework for analog circuit synthesis. *IEEE Trans. Computer-Aided Design of Integrated Circuits and Systems*, 8(12):1247–1266, 1989.

[65] Leonhard Heiß. *Modeling and Simulation of NBTI in Analog CMOS Circuits.* Masterarbeit, Technische Universität München, München, 2012.

[66] Ewald Hessel, Alexander Graßmann, Joachim Haase, and Jürgen Schäfer. Model Exchange Process in Automotive Industry with VHDL-AMS – Philosophy and Examples. In *2. Aachen Electronics Symposium.* 2004.

[67] Klaus Hofmann. *Differential model generation for microsystem components using analog hardware description languages.* Dissertation, TU Darmstadt,

Darmstadt, 1997.

[68] Stefan Hofmann. *Identifikation von nichtlinearen mechatronischen Systemen auf der Basis von Volterra-Reihen.* PhD thesis, Technische Universität München, 2003.

[69] J. Holmes, F. James, and I. Getreu. Mixed-Signal Modeling for ICs. *Integrated System Design Magazine*, 1997.

[70] M. Houssa. Modelling negative bias temperature instabilities in advanced p-MOSFETs. *Microelectronics Reliability*, 45:3–12, 2005.

[71] Chenming Hu. IC Reliability Simulation. *IEEE Journal of Solid-State Circuits*, 27(3):241–246, 1992.

[72] Chenming Hu, Simon C. Tam, Fu-Chieh Hsu, Ping-Keung Ko, Tung-Yi Chan, and Kyle W. Terril. Hot-Electron-Induced MOSFET Degradation-Model, Monitor, and Improvement. *IEEE Transactions on Electron Devices*, 32(2):375–385, 1985.

[73] S. A. Huss. *Model Engineering for Mixed-Signal Circuit Design.* Kluwer Academic Publishers, Boston/Dordrecht/London, 2001.

[74] IEC. International Electrotechnical Vocabulary. Chapter 191: Dependability and quality of service, 1990-12-31.

[75] Rolf Isermann. *Identifikation dynamischer Systeme.* Springer-Lehrbuch. Springer, Berlin, 2. edition, 1992.

[76] ISO. 26262 Road vehicles – Functional safety, 2011.

[77] R. Jancke, C. Ellmers, and R. Gaertner. Design of reliable circuits by determination of SOA borders as part of the degradation analysis. In *Semiconductor Conference: International Conference, Workshop and Table-top Exhibition*, Martinsried, 2009. Gerotron Communication, 2009.

[78] R. Jancke, C. Kampen, O. Kilic, and J. Lorenz. Hierarchischer Ansatz für die Monte-Carlo-Simulation komplexer Mixed-Signal-Schaltungen. In Ralf Sommer, editor, *ANALOG 2010*, volume 221 of *ITG-Fachbericht*, Berlin, 2010. VDE-Verlag.

[79] R. Jancke and P. Schwarz. Supporting Analog Synthesis by Abstracting Circuit Behavior Using a Modeling Methodology. In *IEEE International Symposium on Circuits and Systems*, pages 1471–1474, 2006.

[80] R. Jancke, P. Schwarz, P. Trappe, J. Eckmüller, and A. Schwaferts. Verhaltensmodellierung und Bibliothekskonzept für analoge Grundschaltungen der Telekommunikation. In *Analog '99: mit dem Schwerpunkt Entwurfsmethodik und parasitäre Effekte*, 1999.

[81] R. Jancke, A. Wilde, R. Martin, S. Reitz, and P. Schneider. Modeling and simulation of electro-thermal interaction effects in electronic circuits. In *1st Conference on Multiphysics Simulation - Advanced Methods for Industrial Engineering 2010*. Fraunhofer-Institut für Algorithmen und Wissenschaftliches Rechnen -SCAI-, Sankt Augustin, 2010.

[82] Roland Jancke, Sandra Böhme, Christoph Clauß, Thomas Halfmann, Peter Schwarz, Ralf Sommer, and Peter Trappe. Modellierungsunterstützung für Mixed-Signal-Systeme durch symbolische Vereinfachung nichtlinearer Blöcke. In Wolfgang Mathis, editor, *ANALOG '05*, volume 46, CD-ROM of *GMM-Fachbericht*, Berlin, 2005. VDE-Verlag.

[83] Roland Jancke, André Lange, Leif Müller, and Christoph Sohrmann. Herausforderungen und Lösungsansätze für die Berücksichtigung des Alterungsverhaltens beim Entwurf integrierter Schaltungen. In Manfred Dietrich, editor, *Zuverlässigkeit und Entwurf*, volume 244, CD-ROM of *ITG-Fachbericht*, Berlin, 2013. VDE-Verlag.

[84] Roland Jancke and Christoph Sohrmann. Quantitative Bewertung der Halbleiter-Zuverlässigkeit im automobilen Umfeld. In *Technische Zuverlässigkeit 2015*, volume 2260 of *VDI-Berichte*, Düsseldorf, 2015. VDI-Verlag.

[85] JEDEC. JEP 122 – Failure Mechanisms and Models for Semiconductor Devices, 2016-09.

[86] JEDEC. JESD 91A – Method for Developing Acceleration Models for Electronic Component Failure Mechanisms, August 2003.

[87] JEDEC. JESD 28A – Procedure for Measuring N-Channel MOSFET Hot-Carrier-Induced Degradation Under DC Stress, Dezember 2001.

[88] Kjell O. Jeppson and Christer M. Svensson. Negative bias stress of MOS devices at high electric fields and degradation of MNOS devices. *Journal of Applied Physics*, 48(5):2004, 1977.

[89] B. Kaczer, T. Grasser, J. Martin-Martinez, E. Simoen, M. Aoulaiche, Ph. J. Roussel, and G. Groeseneken. NBTI from the perspective of defect states with widely distributed time scales. In *IEEE International Reliability Physics Symposium (IRPS)*, pages 55–60, 2009.

[90] Medhat Karam, Wael Fikry, Hani Ragai, and Hisham Haddara. Implementation of Hot-Carrier Reliability Simulation in Eldo – Whitepaper, www.mentor.com/dsm, 2000.

[91] Ray Kendall. User-friendly model simplifies Spice op-amp simulation. *EDN*, pages 63–69, 2007.

[92] A. Kerber, E. Cartier, B. P. Linder, S. A. Krishnan, and T. Nigam. TDDB failure distribution of metal gate/high-k CMOS devices on SOI substrates. In *IEEE International Reliability Physics Symposium (IRPS)*, pages 505–509, 2009.

[93] Tholom Kiely and Georges Gielen. Performance Modeling of Analog Integrated Circuits using Least-Squares Support Vector Machines. In *Proceedings DATE*, Los Alamitos and Calif, 2004. IEEE Computer Soc.

[94] H. Krüger-Elencwajg and G. Schuller. Simulation von Operationsverstärkern. *Elektronik*, (14, 15, 16):60–68, 57–60, 63–66, 1989.

[95] Ken Kundert. A Formal Top-Down Design Process for Mixed-Signal Circuits – Whitepaper, www.designers-guide.com, 2002.

[96] Ken Kundert, Henry Chang, Dan Jefferies, Gilles Lamant, Enrico Malavasi, and Fred Sendig. Design of Mixed-Signal Systems on Chip – Whitepaper, www.designers-guide.com, 2002.

[97] A. Lange, C. Sohrmann, R. Jancke, J. Haase, B. Cheng, U. Kovac, and A. Asenov. A general approach for multivariate statistical MOSFET compact modeling preserving correlations. In *Proceedings of the European Solid-State Device Research Conference (ESSDERC), 2011*, Piscataway, NJ, 2011. IEEE.

[98] André Lange, Joachim Haase, Christoph Sohrmann, and Roland Jancke. Generation of random parameters of behavioral models. In F. Breitenecker, editor, *MATHMOD 2012*, volume S38 of *ARGESIM report*, 2012.

[99] Andre Lange, Christoph Sohrmann, Roland Jancke, Joachim Haase, Binjie Cheng, Asen Asenov, and Ulf Schlichtmann. Multivariate Modeling of Variability Supporting Non-Gaussian and Correlated Parameters. *IEEE Transactions on Computer-Aided Design of Integrated Circuits and Systems*, 35(2):197–210, 2016.

[100] Francky Leyn, Willy Sansen, and Georges G. E. Gielen. Analog Small-Signal Modeling: Part I: Behavioral Signal Path Modeling for Analog Integrated Circuits. *IEEE Transactions on Circuits and Systems—II: Analog and Digital Signal Processing*, 48(7):701–711, 2001.

[101] Francky Leyn, Willy Sansen, and Georges G. E. Gielen. Analog Small-Signal Modeling: Part II: Elementary Transistor Stages Analyzed With Behavioral Signal Path Modeling. *IEEE Transactions on Circuits and Systems—II: Analog and Digital Signal Processing*, 48(7):712–721, 2001.

[102] X. Li, J. Qin, B. Huang, X. Zhang, and J. B. Bernstein. A New SPICE Reliability Simulation Method for Deep Submicrometer CMOS VLSI Circuits. *IEEE Transactions on Device and Materials Reliability*, 6(2):247–257, 2006.

[103] Hongzhou Liu, Amit Singhee, Rob A. Rutenbar, and L. Richard Carley. Remembrance of Circuits Past: Macromodeling by Data Mining in Large Analog Design Spaces. In ACM, editor, *Proceedings Design Automation Conference 2003*, pages 437–442, Piscataway, NJ, 2003. IEEE Service Center.

[104] J. R. Lloyd. Black's law revisited—Nucleation and growth in electromigration failure. *Microelectronics Reliability*, 47(9–11):1468–1472, 2007.

[105] Dominik Lorenz, Georg Georgakos, and Ulf Schlichtmann. Aging-aware Timing Analysis of Combinatorial Circuits on Gate Level. *it - Information Technology*, 52(4), 2010.

[106] J. Lorenz, E. Bär, T. Clees, R. Jancke, C.P.J Salzig, and S. Selberherr. Hierarchical simulation of process variations and their impact on circuits and systems: Methodology. *IEEE Transactions on Electron Devices*, 58(8):2218–2226, 2011.

[107] H. Alan Mantooth. Modeling Tools Built Upon the HDL Foundation. In *Proceedings of the 2005 IEEE International Behavioral Modeling and Simulation Workshop*, Piscataway, NJ, 2005. IEEE Service Center.

[108] E. Maricau and G. Gielen. Stochastic circuit reliability analysis. In *Design, Automation & Test in Europe, DATE*, pages 1–6, 2011.

[109] Elie Maricau and Georges Gielen. Efficient Variability-Aware NBTI and Hot Carrier Circuit Reliability Analysis. *IEEE Transactions on Computer-Aided Design of Integrated Circuits and Systems*, 29(12):1884–1893, 2010.

[110] Ewout S.J Martens and Georges G. E. Gielen. *High-Level Modeling and Synthesis of Analog Integrated Systems.* Analog Circuits and Signal Processing Series. Springer, 2008.

[111] J. Martin-Martinez, B. Kaczer, M. Toledano-Luque, R. Rodriguez, M. Nafria, X. Aymerich, and G. Groeseneken. Probabilistic defect occupancy model for NBTI. In *IEEE International Reliability Physics Symposium (IRPS)*, pages XT.4.1–XT.4.6, 2011.

[112] Javier Martin-Martinez, Ben Kaczer, Robin Degraeve, Philippe J. Roussel, Rosana Rodriguez, Montserrat Nafria, Xavier Aymerich, B. Dierickx, and Guido Groeseneken. Circuit Design-Oriented Stochastic Piecewise Modeling of the Postbreakdown Gate Current in MOSFETs: Application to Ring Oscillators. *IEEE Transactions on Device and Materials Reliability*, 12(1):78–85, 2012.

[113] Trent McConaghy and Georges Gielen. Analysis of Simulation-Driven Numerical Performance Modeling Techniques for Application to Analog Circuit Optimization. In *Conference proceedings*, pages 1298–1301, Piscataway, NJ, 2005. IEEE Service Center.

[114] Trent McConaghy and Georges G. E. Gielen. Template-Free Symbolic Performance Modeling of Analog Circuits via Canonical-Form Functions and Genetic Programming. *IEEE Transactions on Computer-Aided Design of Integrated Circuits and Systems*, 28(8):1162–1175, 2009.

[115] Behzad Mesgarzadeh, Ingemar Söderquist, and Atalia Alvandpour. Reliability challenges in avionics due to silicon aging. In *15th International Symposium on Design and Diagnostics of Electronic Circuits Systems (DDECS)*,

pages 342–347, 2012.

[116] M. A. Miner. Cumulative damage in fatigue. *J. Appl. Mech. Trans. ASME*, 12:A159–A164, 1945.

[117] Kaizad R. Mistry and Brian Doyle. A Model for AC Hot-Carrier Degradation in n-Channel MOSFET's. *IEEE Electron Device Letters*, 12(9):492–494, 1991.

[118] Kaizad R. Mistry and Brian Doyle. AC versus DC Hot-Carrier Degradation in n-Channel MOSFET's. *IEEE Transactions on Electron Devices*, 40(1):96–104, 1993.

[119] J. Mitard, X. Garros, L. P. Nguyen, C. Leroux, G. Ghibaudo, F. Martin, and G. Reimbold. Large-Scale Time Characterization and Analysis of PBTI In HfO2/Metal Gate Stacks. In *IEEE International Reliability Physics Symposium (IRPS)*, pages 174–178, 2006.

[120] P. Moens, J. Mertens, F. Bauwens, P. Joris, W. de Ceuninck, and M. Tack. A Comprehensive Model for Hot Carrier Degradation in LDMOS Transistors. In *International Reliability Physics Symposium*, pages 492–497, 2007.

[121] P. Moens and G. van den Bosch. Characterization of Total Safe Operating Area of Lateral DMOS Transistors. *IEEE Transactions on Device and Materials Reliability*, 6(3):349–357, 2006.

[122] P. Moens, G. Vandenbosch, and G. Groeseneken. Hot-Carrier Degradation Phenomena in Lateral and Vertical DMOS Transistors. *IEEE Transactions on Electron Devices*, 51(4):623–628, 2004.

[123] J.-P Morin, F. Lemery, E. Nercessian, V. Sharma, J. Benkoski, and D. Samani. A Practical Approach to Top/Down Analog Circuit Design. In *Proc. ESSCIRC*, pages 49–52, Gif-sur-Yvette Cedex - France, 1993. Editions Frontières.

[124] Leif Müller, André Lange, Christoph Sohrmann, and Roland Jancke. CHRONOS: Ein Werkzeug zur Berücksichtigung von Alterungseffekten in Schaltungssimulationen. In *DASS 2013 - Dresdner Arbeitstagung Schaltungs- und Systementwurf*, Stuttgart, 2013. Fraunhofer-Verlag.

[125] T. Murayama and Y. Gendai. A Top-Down Mixed-Signal Design Methodology Using a Mixed-Signal Simulator and Analog HDL. In *Proceedings European Design Automation Conference; EURO-VHDL and Exhibition*, pages 59–64, Los Alamitos and Calif, 1996. IEEE Computer Soc. Press.

[126] L. Näthke, B. Volodymyr, L. Hedrich, and E. Barke. Hierarchical Automatic Behavioral Model Generation of Nonlinear Analog Circuits based on Nonlinear Symbolic Techniques. In *Proceedings Design, Automation and Test in Europe, DATE*, volume 1, pages 442–447, Los Alamitos and Calif, 2004. IEEE Computer Soc.

[127] T. Nigam, B. Parameshwaran, and G. Krause. Accurate product lifetime predictions based on device-level measurements. In *IEEE International Reliability Physics Symposium (IRPS)*, pages 634–639, Piscataway, NJ, 2009. IEEE.

[128] K. V. Noren and A. Tarakji. Simulation and modelling: Macromodeling of operational amplifiers. *IEEE Circuits and Devices Magazine*, 13(5):8–10,16, 1997.

[129] C. Olk, S. Aresu, R. Rudolf, M. Röhner, W. Gustin, and E. Stein Von Kamienski. HCS degradation of 5 nm oxide high-voltage PLDMOS. *Microelectronics Reliability*, 54(9–10):1883–1886, 2014.

[130] Tuncer I. Ören. Computer-aided Modelling Systems. In François E. Cellier, editor, *Progress in modelling and simulation*, pages 189–203, London and New York, 1982. Academic Press.

[131] Jean Oudinot, Caroline Vaganay, Michel Robbe, and Patrick Radja. Mixed-Signal ASIC Top-Down and Bottom-Up Design Methodologies using VHDL-AMS, White Paper, www.mentor.com/dsm.

[132] D. Overhauser and R. Saleh. Evaluating mixed-signal simulators. In *Proceedings of the IEEE 1995 Custom Integrated Circuits Conference*, pages 113–120, New York, NY, 1995. IEEE.

[133] S. Parodat. MARABU. Ein Werkzeug zur approximation nichtlinearer Kennlinien mit radialen Basisfunktionen. In *6. Workshop Methoden und Werkzeuge zum Entwurf von Mikrosystemen*, 1997.

[134] Annegret Plänitz. *Charakterisierung und Modellierung von Analogschaltungen.* Studienarbeit, Technische Universität Dresden, Dresden, März 2006.

[135] Daniel Platte, Ralf Sommer, and Erich Barke. An Approach to Analyze and Improve the Simulation Efficiency of Complex Behavioral Models. In *Proceedings IEEE International Behavioral Modeling and Simulation Workshop*, pages 79–84, 2006.

[136] T. Pompl, C. Schlünder, M. Hommel, H. Nielen, and J. Schneider. Practical Aspects of Reliability Analysis for IC Designs. In *43rd ACM/IEEE Design Automation Conference*, New York, NY and Piscataway, NJ, 2006. Association for Computing Machinery and IEEE Service Center.

[137] Khandker N. Quader, Peng Fang, John T. Yue, Ping K. Ko, and Chenming Hu. Hot-Carrier-Reliability Design Rules for Translating Device Degradation to CMOS Digital Circuit Degradation. *IEEE Transactions on Electron Devices*, 41(5):681–691, 1994.

[138] R. Radojcic. Some aspects of hot-electron aging in MOSFET's. *IEEE Transactions on Electron Devices*, 31(10):1381–1386, 1984.

[139] Hans Reisinger, Tibor Grasser, Karsten Ermisch, Heiko Nielen, Wolfgang Gustin, and Christian Schlunder. Understanding and modeling AC BTI. In *IEEE International Reliability Physics Symposium (IRPS)*, pages 6A.1.1–6A.1.8, 2011.

[140] Hans Reisinger, Tibor Grasser, Wolfgang Gustin, and Christian Schlunder. The statistical analysis of individual defects constituting NBTI and its implications for modeling DC- and AC-stress. In *IEEE International Reliability Physics Symposium (IRPS)*, pages 7–15, 2010.

[141] Michał Rewieński. A Perspective on Fast-SPICE Simulation Technology. In Peng Li, Luís Miguel Silveira, and Peter Feldmann, editors, *Simulation and Verification of Electronic and Biological Systems*, pages 23–42. Springer Science+Business Media B.V., Dordrecht, 2011.

[142] B. Ricco, G. Gozzi, and M. Lanzoni. Modeling and simulation of stress-induced leakage current in ultrathin SiO2 films. *IEEE Transactions on Electron Devices*, 45(7):1554–1560, 1998.

[143] E. Riedlberger, R. Keller, H. Reisinger, W. Gustin, A. Spitzer, M. Stecher, and C. Jungemann. Modeling the lifetime of a lateral DMOS transistor in repetitive clamping mode. In *IEEE International Reliability Physics Symposium (IRPS)*, pages 175–181, 2010.

[144] Eva Riedlberger. *Analyse und Modellierung des Alterungsverhaltens Lateraler DMOS-Transistoren bei Belastung durch heiße Ladungsträger.* Dissertation, Universität der Bundeswehr München, Fakultät für Elektrotechnik und Informationstechnik, Neubiberg, 20.06.2011.

[145] R. Rosenberger and S. A. Huss. A systems theoretic approach to behavioral modeling and simulation of analog functional blocks. In *Design, Automation and Test in Europe, DATE*, Los Alamitos and Calif, 1998. IEEE Computer Soc.

[146] Gunnar Andreas Rott, Heiko Nielen, Hans Reisinger, Wolfgang Gustin, Stanislav Tyaginov, and Tibor Grasser. Drift compensating effect during hot-carrier degradation of 130nm technology dual gate oxide P-channel transistors. In *IEEE International Integrated Reliability Workshop (IIRW)*, pages 73–77, 2013.

[147] Rob A. Rutenbar. Design Automation for Analog: The Next Generation of Tool Challenges. In *International Conference on Computer-Aided Design, ICCAD '06*, Piscataway, NJ, 2006. IEEE Operations Center.

[148] Rob A. Rutenbar, Georges G. E. Gielen, and Jaijeet Roychowdhury. Hierarchical Modeling, Optimization, and Synthesis for System-Level Analog and RF Designs. *Proceedings of the IEEE*, 95(3):640–669, 2007.

[149] C. Sander, Y. Standke, S. Niese, R. Rosenkranz, A. Clausner, M. Gall, and E. Zschech. Advanced methods for mechanical and structural characterization of nanoscale materials for 3D IC integration. *Microelectronics Reliability*, 54(9–10):1959–1962, 2014.

[150] P. Schneider, S. Parodat, A. Schneider, and P. Schwarz. A modular approach for simulation-based optimization of MEMS. In *Design, modeling, and simulation in microelectronics*, 2000.

[151] Peter Schneider. *Modellierungsmethodik für heterogene Systeme der Mikrosystemtechnik und Mechatronik.* Dissertation, TU Dresden, Dresden,

2009.

[152] Peter Schneider, Andreas Köhler, Sven Reitz, and Roland Jancke. Behavioral and network modeling for efficient design of adaptive systems. In Andrei Zagrai, editor, *Proceedings SMASIS 2014*, New York/NY, 2014. ASME.

[153] J. Schoiswohl. Linear Mode Operation and Safe Operating Diagram of Power-MOSFETs: Application Note, www.infineon.com.

[154] B. J. Sheu, D. L. Scharfetter, P.-K. Ko, and M.-C. Jeng. BSIM: Berkeley short-channel IGFET model for MOS transistors. *IEEE Journal of Solid-State Circuits*, 22(4):558–566, 1987.

[155] Udo Sobe, Karl-Heinz Rooch, Dietmar Mörtl, Achim Graupner, André Lerch, and Michael Pronath. Verification Method for Analog and Mixed Circuits Considering Performance Parameters and Safe Operating Area (SOA) Constraints. In *Semiconductor Conference: International Conference, Workshop and Table-top Exhibition*, Martinsried, 2009. Gerotron Communication, 2009.

[156] Udo Sobe, Karl-Heinz Rooch, Andreas Ripp, and Michael Pronath. Robust Analog Design for Automotive Applications by Design Centering with Safe Operating Areas. In *Proceedings of the International Symposium on Quality Electronic Design*, Los Alamitos and Calif, 2008. IEEE Computer Soc.

[157] Christoph Sohrmann, André Lange, Roland Jancke, and Leif Müller. The DECO framework: Reliability simulation based on a general design environment communication approach. In Wolfgang Rosenstiel, editor, *Proceedings edaWorkshop 13, Dresden, May 14 - 16, 2013*, Berlin, 2013. VDE-Verlag.

[158] Ralf Sommer, Eckhard Hennig, Gregor Nitsche, Jochen Broz, and Peter Schwarz. Automatic Nonlinear Behavioral Model Generation Using Symbolic Circuit Analysis. In Mourad Fakhfakh, editor, *Design of Analog Circuits through Symbolic Analysis*, pages 305–341. Bentham Science Publishers, 2012.

[159] S. Steinhorst and L. Hedrich. Trajectory-Directed discrete state space modeling for formal verification of nonlinear analog circuits. In *International Conference on Computer-Aided Design (ICCAD)*, pages 202–209, 2012.

[160] P. Subramaniam and F. El-Turky. Behavioral Modeling Techniques for Analog and Mixed Signal Design. In Paul P. L. Lee and Subhash Roy, editors, *Proceedings*, pages 319–322, Piscataway, NJ, 1994. IEEE Service Center.

[161] E. Takeda and N. Suzuki. An empirical model for device degradation due to hot-carrier injection. *IEEE Electron Device Letters*, 4(4):111–113, 1983.

[162] P. van Staa and S. Devadas. Keynote addresses: Can EDA solve the problems of electronics designs for the cars of the future? In *2014 IEEE/ACM International Conference on Computer-Aided Design (ICCAD)*, page 1, 2014.

[163] D. Vogel, E. Auerswald, J. Auersperg, P. Bayat, R. D. Rodriguez, D. R. T. Zahn, S. Rzepka, and B. Michel. Stress analyses of high spatial resolution on TSV and BEoL structures. *Microelectronics Reliability*, 54(9–10):1963–1968, 2014.

[164] M. Vogels, B. de Smedt, and G. Gielen. Modeling and simulation of a Sigma-Delta digital to analog converter using VHDL-AMS. In *Proceedings of the IEEE/ACM International Workshop on Behavioral Modeling and Simulation;*, pages 5–9, Los Alamitos and Calif, 2000. IEEE Computer Society.

[165] Knut Voigtländer and Hans-Helmut Wilfert. Filter-chain models for identification of nonlinear dynamical systems. In *3rd MATHMOD; IMACS Symposium on Mathematical Modeling*, pages 547–552, Technical University Vienna, 2000.

[166] Piet Wambacq, Georges G. E. Gielen, Peter R. Kinget, and Willy Sansen. High-Frequency Distortion Analysis of Analog Integrated Circuits. *IEEE Transactions on Circuits and Systems—II: Analog and Digital Signal Processing*, 46(3):335–345, 1999.

[167] T. Wichmann. *Symbolische Reduktionsverfahren für nichtlineare DAE-Systeme*. Dissertation, Technische Universität Kaiserslautern, Kaiserslautern, 2004.

[168] Andreas Wieland and Carl Marcus Wallenburg. Dealing with supply chain risks. *International Journal of Physical Distribution & Logistics Management*,

42(10):887–905, 2012.

[169] Tim Williams. *The circuit designer's companion.* Elsevier, Amsterdam u.a, 2. edition, 2005.

[170] S. Wünsche, C. Clauß, P. Schwarz, and F. Winkler. Electro-thermal circuit simulation using simulator coupling. *IEEE Transactions on Very Large Scale Integration (VLSI) Systems*, 5(3):277–282, 1997.

[171] C. Yilmaz, L. Heiss, C. Werner, and D. Schmitt-Landsiedel. Modeling of NBTI-recovery effects in analog CMOS circuits. In *IEEE International Reliability Physics Symposium (IRPS)*, pages 2A.4.1–2A.4.4, Piscataway, NJ, 2013. IEEE.

[172] S. Zafar. Statistical mechanics based model for negative bias temperature instability induced degradation. *Journal of Applied Physics*, 97(103709), 2005.

[173] Bernard P. Zeigler, Herbert Praehofer, and Tag Gon Kim. *Theory of modeling and simulation: Integrating discrete event and continuous complex dynamic systems.* Academic Press, San Diego, 2nd edition, 2000.

Abbildungsverzeichnis

Tabellenverzeichnis

Verzeichnis der verwendeten Symbole und Abkürzungen

Symbol	Bedeutung	Einheit
a^S	Vektor der Eigenschaften (Charakteristiken) einer Schaltung	
a^D	Vektor der Eigenschaften (Charakteristiken) eines Devices	
B	Beschleunigungsfaktor	
C	Kapazität	F
ΔD	Änderung einer Größe durch Degradation	
ΔD_{EOL}	Als Ausfallkriterium festgelegte Änderung einer Größe	
E_A	Aktivierungsenergie	J
$f(t)$	Dichtefunktion der Ausfallwahrscheinlichkeit $F(t)$	s
$F(t)$	Ausfallwahrscheinlichkeit	
$G_{m,\max}$	Maximale Steilheit der Transferkennlinie	$\frac{1}{\Omega}$
h	Häufigkeit	
I_D	Drainstrom	A
$I_{D,\mathrm{lin}}$	Drainstrom im linerearen Bereich	A
$I_{D,\mathrm{sat}}$	Drainstrom im Sättigungsbereich	A
I_B	Bulkstrom	A
J	Stromdichte	$\mathrm{A/m^2}$
k_B	Boltzmann-Konstante	J/K
L	Länge eines Transistors	m
L	Induktivität	H
$N(t)$	zeitabhängige Anzahl von Einheiten	
$p(S)$	Wahrscheinlichkeitsdichtefunktion für die Stressgröße S	
$p(t, S)$	zeitabhängige Wahrscheinlichkeitsdichtefunktion für die	

Symbol	Bedeutung	Einheit
	Stressgröße S	
$P[X]$	Wahrscheinlichkeit für das Ereignis X	
R	Widerstand	Ω
$R_{DS,\mathrm{on}}$	Drain-Source-Widerstand im eingeschalteten Zustand	Ω
$R(t)$	Zuverlässigkeit, Überlebenswahrscheinlichkeit	
S	Stress-Größe	
S_L	Stress-Belastung (stress load)	
S_C	Stress-Belastbarkeit (stress capability)	
t	Zeit	s
t_{EOL}	Zeitpunkt, an dem das Ausfallkriterium ΔD_{EOL} erreicht wird	s
t_p	auf das p-Quantil bezogene Lebensdauer, z.B. t_{50}	s
t_{50}	Zeit bis zum Ausfall der Hälfte aller Einheiten	s
t_{Age}	Lebensdauer	s
t_{MP}	Zeit für einen Mission-Profile-Durchlauf	s
t_{period}	Zeit für eine Periode	s
t_{rise}	Anstiegszeit eines Pulses	s
t_{fall}	Abfallzeit eines Pulses	s
t_{ox}	Oxid-Dicke	m
T	Temperatur	K
V_{DS}	Drain-Source-Spannung	V
V_{GS}	Gate-Source-Spannung	V
V_{th}	Schwellspannung	V
W	Weite eines Transistors	m
x^S	Vektor der Stressgrößen (Stimuli) einer Schaltung	
x^D	Vektor der Stressgrößen (Stimuli) eines Devices	
$\lambda(t)$	Ausfallrate	
σ	Last	

Abkürzung	Bedeutung
AMS	Analog/Mixed-Signal
ASCII	American Standard Code for Information Interchange
BSIM	Berkeley Short-channel IGFET Model, Transistor-Modell der University of California, Berkeley

Abkürzung	Bedeutung
CAD	Computer Aided Design
CET	Capture Emission Times
CHAMELEON	Characterization and Modeling Environment
CMRR	Common Mode Rejection Ratio, Gleichspannungs-unterdrückung
DAE	Differential Algebraic Equation
DESS	Differential Equation System Specification
DEVS	Discrete Event System Specification
DUT	Design under Test
EDA	Electronic Design Automation
EKV	MOSFET-Modell entwickelt von Enz, Krummenacher und Vittoz
EOL	End-of-Life, Lebensdauer-Ende
ESD	Electrostatic Discharge, Elektrostatische Entladung
FEM	Finite Element Method
FIT	Failure in Time
fWLR	fast Wafer Level Reliability
GOI	Gate Oxide Integrity
HCI	Hot carrier injection
HDL	Hardware Description Language, Hardwarebeschreibungs-sprache
HHI	Hot hole injection
HICUM	HIgh CUrrent Model der TU Dresden
ILD	Inter-Layer Dielektrikum
MOR	Model Order Reduction, Modellordnungsreduktion
MOSFET	Metal Oxide Semiconductor Field Effect Transistor
MP	Mission Profile
MTTF	Mean Time to Failure
NBTI	Negative Bias Temperature Instability
nFET	n-channel Field Effect Transistor
NW	Netzwerk
PBTI	Positive Bias Temperature Instability
pFET	p-channel Field Effect Transistor
PSP	MOSFET-Modell entwickelt von der Pennsylvania State

Abkürzung	Bedeutung
	University und Philips
PDK	Process Design Kit
PSRR	Power Supply Rejection Ratio, Betriebsspannungs-unterdrückung
PWL	Piece-wise linear
RBF	Radiale Basisfunktionen
RSM	Response Surface Modelling
SDF	Signal Dataflow
SILC	Stress Induced Leakage Current
SIV	Stress Induced Voiding
SOA	Safe Operating Area
SoC	System-on-Chip
SPICE	Simulation Program with Integrated Circuit Emphasis
TCAD	Technology Computer Aided Design
TDDB	Time Dependent Dielectric Breakdown
TLU	Table-look-up
VCO	Voltage Controlled Oscillator
VHDL	Very High Scale Integrated Circuit HDL
VHDL-AMS	Analog / Mixed-Signal Erweiterung zu VHDL
WLR	Wafer Level Reliability